# 锂离子电池热控制及其在电动飞机上的应用

王艳红　葛昊　张磊　陈彦合　等编著

本书数字资源

北　京
冶金工业出版社
2025

# 内 容 提 要

本书系统地介绍了锂离子电池热失控触发、预防和减缓的机理机制以及基于人工智能的电动飞机电池管理系统，并首次阐述了电动飞机的开发现状及适航要求，这对进一步推动大型高能量密度锂离子电池组的商业化具有重要价值。

本书可供从事锂离子电池和电动飞机研发的科技工作者及适航审定的相关人员阅读，也可作为高等院校有关锂离子电池、电动飞机及适航审定专业的教材或参考书。

**图书在版编目（CIP）数据**

锂离子电池热控制及其在电动飞机上的应用 / 王艳红等编著. -- 北京：冶金工业出版社，2025.4.
ISBN 978-7-5240-0144-7

Ⅰ. V237；TM912

中国国家版本馆 CIP 数据核字第 2025F8F126 号

**锂离子电池热控制及其在电动飞机上的应用**

| | | | |
|---|---|---|---|
| **出版发行** | 冶金工业出版社 | **电　话** | （010）64027926 |
| **地　址** | 北京市东城区嵩祝院北巷 39 号 | **邮　编** | 100009 |
| **网　址** | www.mip1953.com | **电子信箱** | service@ mip1953.com |

责任编辑　于昕蕾　美术编辑　彭子赫　版式设计　郑小利
责任校对　石　静　责任印制　范天娇
唐山玺诚印务有限公司印刷
2025 年 4 月第 1 版，2025 年 4 月第 1 次印刷
710mm×1000mm　1/16；8 印张；150 千字；114 页
定价 56.00 元

**投稿电话　（010）64027932　投稿信箱　tougao@cnmip.com.cn**
**营销中心电话　（010）64044283**
**冶金工业出版社天猫旗舰店　yjgycbs.tmall.com**
（本书如有印装质量问题，本社营销中心负责退换）

# 前　　言

　　当前，受低空经济和航空行业减排的双重推动，发展电动飞机成为一种趋势，并进入示范阶段。新能源电池、电机、传感器、飞控系统和航空复合材料等相关技术的不断突破将助力电动飞机市场应用规模日益扩大。电动航空最重要的部分就是电池，而电池能量密度直接关系到飞行器能飞多远，能飞多久。

　　锂电池作为一种重要的能量转换介质，在各种生产生活场景中发挥着重要作用，但其能量储存和动力推进等，面临着重大的安全挑战。锂离子电池的热失控问题已经引起了各行各业的广泛关注，是其广泛应用于大型设备推进系统如航空器的关键瓶颈。许多学者试图通过改变材料的内部组成来解决锂离子电池的热失控问题，但这不可避免地影响了电池的能量密度。此外，电池中的热失控现象大多发生在滥用条件下。未来，锂离子电池的开发和应用无疑将继续朝着更高能量密度的方向发展。因此，研发智能主动干预系统是解决锂离子电池相关安全问题的理想方案之一。

　　本书系统地介绍了与锂离子电池热失控相关的最新研究成果，并首次阐述了锂离子电池适航的相关内容。全书分为6章：第1章介绍了锂离子电池热失控的触发；第2~4章介绍了锂离子电池热失控的预防和减缓措施，分别为锂离子电池的控温、锂离子电池热失控的预警、锂离子电池火灾的防控；第5章介绍了基于人工智能的电动飞机电池管理系统；第6章介绍了电动飞机的开发现状及发展趋势。除了本书封面所列的四位作者（沈阳航空航天大学的葛昊，中国民用航空沈阳航空器适航审定中心的王艳红、张磊、陈彦合）外，中国民用航空沈阳航空器适航审定中心的徐海及辽宁通用航空研究院的王超越、韩成业也参与了本书的撰写与审核工作。

本书在编写过程中，参考了相关文献，在此对文献作者表示感谢。

由于作者水平所限，书中难免有不妥之处，敬请读者批评指正。

王艳红　葛昊　张磊　陈彦合
徐海　王超越　韩成业
2025 年 1 月

# 目　　录

# 1 锂离子电池热失控的触发

　　锂离子电池已广泛应用于智能手机、相机、笔记本电脑和电动交通等领域，它们的高功率和能量密度及更长的寿命满足了全球对储能系统的需求。但锂离子电池的安全问题是其在电动汽车和储能系统中大规模应用的主要挑战，随着锂离子电池在能量密度和供电能力方面的不断提高，电池的安全性变得更加重要。涉及锂离子电池的事故报告显示，电池系统有起火和爆炸的倾向，而热失控是锂离子电池中最具破坏性的失效模式之一，这种现象引起了人们对安全的担忧，因为热失控总是灾难性的。事实上，当电化学系统（如锂离子电池）在其正常工作范围之外工作时，会发生热失控，导致火灾、烟雾甚至某些情况下爆炸等安全隐患。一般来说，当锂离子电池工作时，大量的热量来自三方面：极化热、可逆热和焦耳热。如果锂电池的热梯度超过了合适的温度范围，可能会发生严重的降解和危险，从而导致安全问题。为了使电池保持在安全的温度范围内，人们开发了电池热管理系统，以更好地控制锂离子电池系统的温度。然而，如果电池产生的热量没有成功排出，电池温度将升高，并可能引发不利的链式反应，从而导致热失控。在锂离子电池安全研究中，热失控是最首要的科学命题。

　　热失控是电、热或机械故障触发温度上升至临界水平时发生的事故。事实上，当锂离子电池工作在滥用条件下时，它超过了电化学系统变得不稳定的临界点，这将导致锂电池的内部故障，并最终触发热失控。图 1-1 展示了锂离子电池在热失控过程中的典型温度演变。当电池产生热量的速率高于其散热速率时，放热反应会发生在类似绝热的条件下，使电池温度迅速上升，速率在 4~7 ℃/min。随着电池温度进一步升高达到了一个点，在这个温度点上就会发生自发的连锁不良反应（击穿固体电解质膜、隔膜熔化等），这些自发的连锁不良反应会产生更多的热量，最终导致热失控。三种类型的滥用条件可导致锂电池中的热失控：第一种是电滥用，其中产生的热量加剧了热滥用；第二种是机械性锂离子电池受损，它会引起电池短路或空气渗透，且这是第一种类型的热失控起源；第三种是热滥用，在热滥用条件下，锂离子电池会经历一个较高的内部温升，然后发生热失控。此外，内部短路和串扰也会引发热失控。

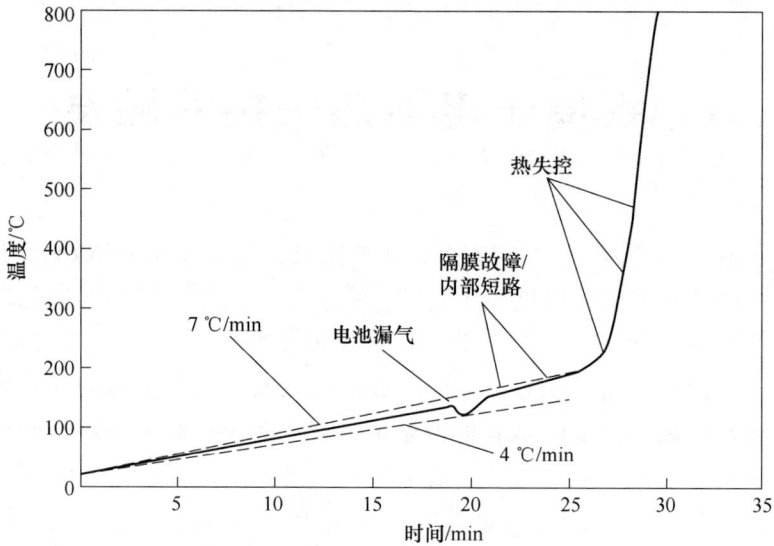

图 1-1　锂离子电池热失控的特征曲线

# 1.1　电滥用

电滥用包括将电池在过充状态下工作、强制放电或承受外部短路。

## 1.1.1　过充

过度充电（简称过充）被认为是最严重和最危险的滥用条件，因为持续充电的能量被转移到锂电池，加速放热反应。当锂离子电池在电压上限前未能停止充电，电池充满多余能量时，会触发过充。过充是锂离子电池安全事故最常见的原因，根本原因通常是电池管理系统未能监测到电池的电压并在达到极限前未能停止充电。当电池的荷电状态没有被电池管理系统有效评估时，也会发生过充。

早期的研究报道了在电池中发生的过充故障机制。Zhang 等[1]阐述了三元锂电池过充电过程的动态演变及相应的电压和温度，如图 1-2 所示。

在阶段一，电池按照正常的充电过程充电，电池电压上升到一个拐点电压（$V_{ip}$），相应的温度随时间的增加逐渐升高。

在阶段二，电压比阶段一上升的快得多，由于镀锂引起的阳极电位移位，电池电压达到平台电压（$V_p$）。实际上，阴极的脱嵌不断发生，锂离子被迫迁移到阳极，锂离子被还原成锂并沉积在阳极表面，导致镀锂，随后形成锂枝晶。镀锂也增加了阳极的固体电解质膜，增加了内阻，进一步放大了焦耳热反应。而且，

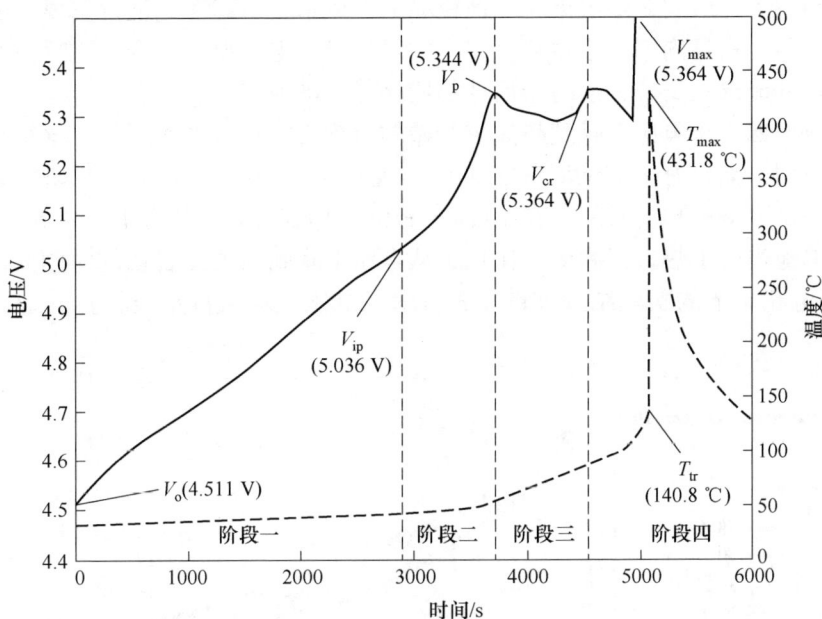

图 1-2　过充时的电压和温度曲线[1]

在这个高电压水平下，液态电解质开始分解，在阳极界面处发生氧化还原反应，生成 DMC、EMC、$CH_4$、CO、$CH_3OCHO$、$CH_3OCH_3$、$CO_2$ 和 $H_2$ 等气体。在温度演变方面，此时电池热梯度的上升是由焦耳热和反应热（如镀锂）的形成而导致的。在阶段二结束时，电池处于高压状态，氧气将从阴极释放出来。随着镍的比例增加，更多的活性氧被释放出来，导致电解质和活性氧之间的副反应更剧烈，阴极的热稳定性变差，热失控危险增大。

在阶段三，由于电解液的持续分解和镀阳极与电解液之间的反应，观察到轻微的电压下降。因此，在这一阶段，热量开始积累，温度上升速度比在前两个阶段更快。一般来说，60 ℃ 是过充过程的临界温度点，当温度达到 60 ℃ 左右时，各种副反应被触发。随后，随着阴极继续脱嵌，阴极电位继续上升到峰值电压（$V_{cr}$）。此外，由于持续的强制放电，阴极经历了逐步的重构，导致金属离子的溶解，降低了阴极的热稳定性。

在阶段四开始时，锂相关的副反应过度消耗了电解质溶液导致电解质溶液不足，电压又开始略有下降，同时所有气体的浓度都将上升。由于副反应产生的热量，电池温度逐渐升高到 90 ℃，达到固体电解质膜分解温度。失去了固体电解质膜的保护，在阳极上转移的锂直接与电解液发生反应，并消耗部分镀在阳极上的锂。随着电解质与镀锂层之间的反应变得更加激烈，温度从 100 ℃ 突然上升到最高温度（$T_{max}$）。$CO_2$、CO、EMC、DMC 和 $CH_4$ 的浓度也会升高，并且由于内部压力导致外壳破裂，隔膜熔化、锂枝晶的形成都会引起在电池内部发生实质性的内部短路。一旦内部发生短路，产生大量热量，电池温度上升，这反过来又加速了更多的放热副反应，最终，活性物质耗尽，电池完全失效。

在阶段四，从电压下降到热失控开始的时刻可能是至关重要的，这被称为早期预警时间，如果有足够的时间，可以实现预防热失控。Zhao 等[2]研究了不同充电状态水平下的预警时间，在100%、110%和120%充电状态下对4.5 A·h 的圆柱形电池进行了热失控测试，比较了从电压下降到热失控启动的时间间隔。在110%充电状态下的实验结果如图1-3所示。电压下降来自正极材料的金属离子

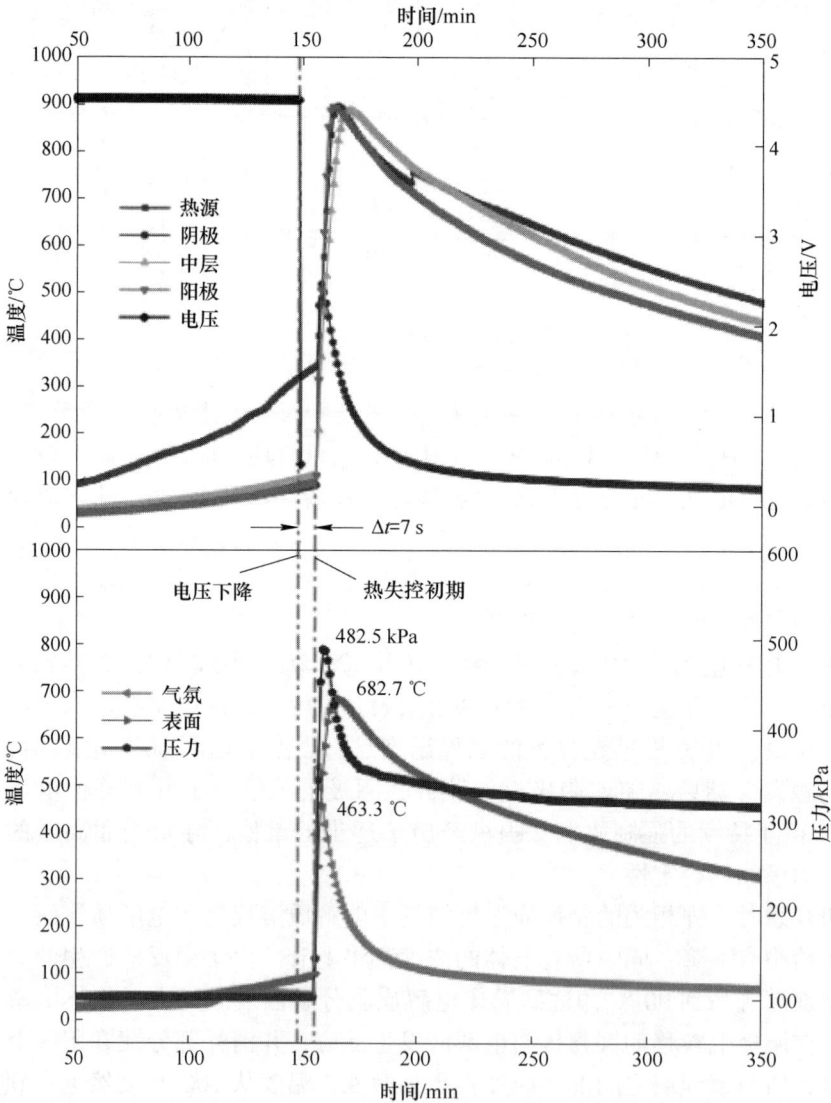

图1-3  过充110%的4.5 A·h 圆柱形电池热失控测试实验结果[2]

（$Mn^{2+}$、$Co^{2+}$、$Li^+$、$Ni^{2+}$）的溶解，充电状态越高，阴极分解发生得越快。最近，Huang 等[3]也研究了过充电过程中电池填料对电池安全性的影响，对 40 A·h 袋状和柱状三元锂电池进行了测试。过充测试包括在 1 C 下充电直到热失控。作者得出结论，袋状电池具有更好的温度特性和更强大的过充抗性，直到 $V_{cr}$，当充电状态水平约为 150% 时，最高温度仅为 55 ℃。然而，由于安全阀的存在，柱状电池具有更好的热稳定性和更小的变形。由于在热失控前会有大量的气体和热量释放，棱柱状电池的最高温度和最高电压比袋状电池低。安全阀提供了更长的预警时间（14 s），从而为疏散和其他安全措施提供了更多的时间。

上述所有试验通常在室温下进行。但是，在低温下过充更容易发生，因为较高的内阻更容易使电池超过电压上限。Sun 和 Zhang[4]观察了在 −10 ℃ 条件下，以 0.2 C 电流过充电至 4.0~4.8 V 触发磷酸铁锂电池降解的特性。结果表明，尽管处于低温状态，但主要的降解方式是锂的损失。然而，活性物质的损失并不发生在正极，而只发生在负极。

## 1.1.2 强制放电

强制放电是与过充相反的过程，原理是将电池放电到一个非常低的电压水平，低于建议的电压下限，在电池组串联的电池系统中，当电池组之间的电压不一致时，就会发生强制放电。在这种情况下，如果电池管理系统无法评估任何单个电池的最低电压，则具有最低电压的电池可能提前达到过放电状态，从而导致安全问题。

强制放电的反应机理与过充不同。图 1-4 描述了强制放电过程中发生的总体反应。在强制放电过程中，阳极的持续衰减改变了石墨材料结构，导致固体电解质膜分解，产生 $CO_2$ 和 CO 等气体。最初，由于锂离子从阳极脱嵌到阴极，电压开始快速下降。强制放电的主要退化机制是固体电解质膜的溶解，在再生过程中

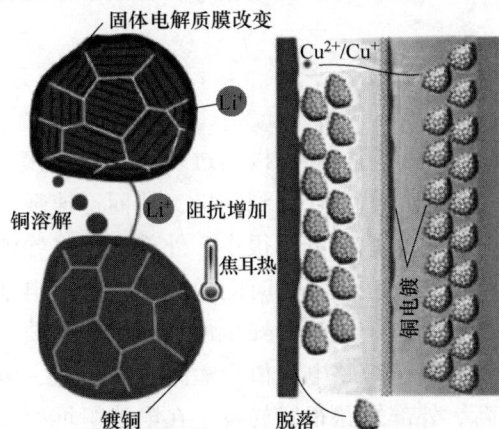

图 1-4 彩图

图 1-4 动态强制放电机制的效果

会耗尽活性锂和电解质。固体电解质膜的分解和重组会导致内阻显著增加，当强制放电至 0.5 V 以下时，会引发严重的容量退化，同时，阳极电位异常升高，导致铜集电极氧化和溶解，生成铜离子。在极深的荷电状态下，阳极电位超过铜的分解电位，球形铜沉淀在阴极上迁移，形成铜枝晶。在极端过放电条件下，铜枝晶可以穿透隔膜并导致内部短路（见图 1-5）。

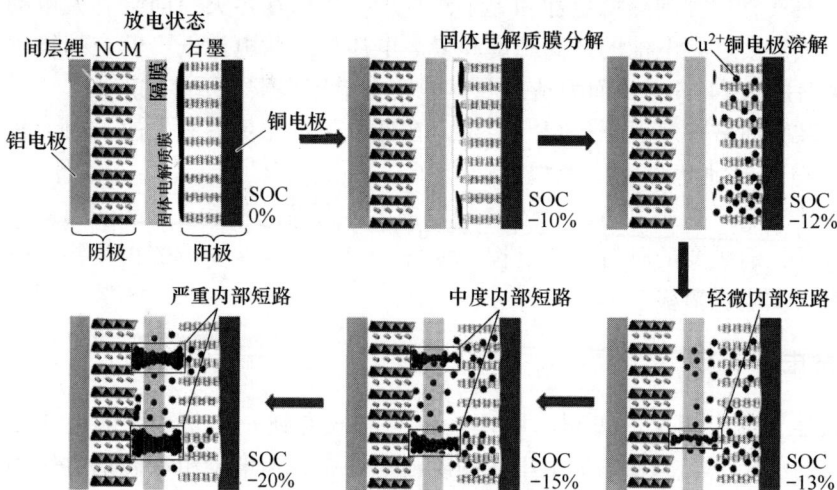

图 1-5    锂离子电池在各个级别的过放电副作用的概述
SOC—电池的荷电状态

随着强制放电深度的加深，电池阻抗增大，使产热更加显著。在 102% 和 105% 放电深度下多次过放电的电池可以进一步使用。然而，由于在深放电深度（115%）下，增厚的固体电解质膜和阴极电解质界面层显著提高了电池的整体内阻，电池膨胀，热稳定性降低。与过充电相比，锂离子电池在过放电条件下的热稳定性非常有限。

### 1.1.3    外部短路

外部短路是当同一电池的阴极和阳极通过外部导体连接时发生的情况，当这种情况发生时，锂离子从阳极迅速迁移到阴极，从而迅速耗尽锂离子。外部短路的速率取决于短路电阻，如果短路电阻很小，外部短路将导致电压的深度下降及电流的突然上升。外部短路能在很短的时间内产生大量的电池热量，并且导致电池温度急剧升高，从而对锂离子电池的安全性造成严重威胁。通常，外部短路引起的热失控机制的速率取决于短路电流值，短路电阻越低，电极间传递的锂离子越多，电流和温度越高。外部短路很容易发生在电池组堆叠的电池系统中，例如车辆碰撞，由振动导致的断线连接，或尺寸过小的保险丝都可能触发外部短路。

因此，在电池系统中诊断外部短路问题至关重要。

在充电状态为 80% 时，外部短路过程可以分为三个阶段。在第一阶段，电池正常充电，温度缓慢上升。在第二阶段，外部短路在电池上触发，并在短时间内观察到 100 A 下的快速放电，此时峰值温度可达到 100 ℃。然而，由于电池内的质量运输有限，峰值电流时间相对较短，不久之后，放电速率降低到 50~60 A。随后，温度慢慢降低到 60 ℃。在 60 ℃ 左右时，锂离子电池可能仍会漏气，导致气体耗尽和电解质泄漏。在第三阶段，电压已经下降到 0 V 的衰减电压，温度继续下降。外部短路类似于大电流下的快速放电，外部短路电流受到锂离子的质量传输速度的限制。

# 1.2 机械滥用

堆叠在模块或电池组中的锂电池不可避免地会受到外力的影响，这些外力可能会破坏电池。钉刺和碰撞（或挤压）是研究最多的力学破坏条件。

## 1.2.1 钉刺

通过模型或实验，钉刺测试已被广泛开展，以观察由机械冲击引起的内部短路。测试包括用金属钉子刺穿锂电池，在电极/集流器和负极/集流器之间建立电流连接，引发内部短路，并产生大量的热量及氢氟酸（HF）等气体。温度升高导致固体电解质膜分解和电解质与阳极材料之间的放热副反应，进而触发热失控的连锁反应。

一般来说，钉子在穿透位置产生电和热的沉积。以低热和电导率的聚甲醛材料代替钨钢钉进行钉刺，聚甲醛钉产生的热量高于钨钉，产生的热量也更局限于电池的中心，也就是穿透发生的地方。聚甲醛的低导热性产生了热阻，使热量不会从电池中流失，因此能观察到明显的温度上升。钉刺被视为触发锂电池内部短路的替代测试方案。然而，钉刺测试的可重复性一直受到电池厂商的质疑。在这种情况下，Aiello 等[5]优化设计了一个钉子来触发五个不同电池中的内部短路。研究结果表明，新的方案设计具有高再现系数和优化的外表面与体积比，可用于电模型验证。在钉刺测试中，通常在钉子穿入处产生热量。Liu 等[6]提出在钉刺测试中模拟穿透位置对电池温度变化的影响规律。图 1-6 显示了三个穿透位置的模拟电池表面温度。结果证实，最高温度点在穿透位置，也就是热源最高的位置，顶部和底部穿透位置的温度变化高于中部。由于顶部和底部的穿透更靠近边缘，热量更难消散，因此有更高的热梯度。

此外，钉刺引起的热失控强度还与充电状态、钉直径和穿透速度等因素有关。较高的电池电量会导致更高的温度峰值，比较低的电池电量更容易引起热失控。钉子直径越大，对电池的影响越严重，随着钉子直径的增加，温升和峰值温度也越高。然而，钉子的速度似乎对温度上升没有任何影响。钉刺测试频率将在未来几年内大幅提高，从而带来更安全的电池。

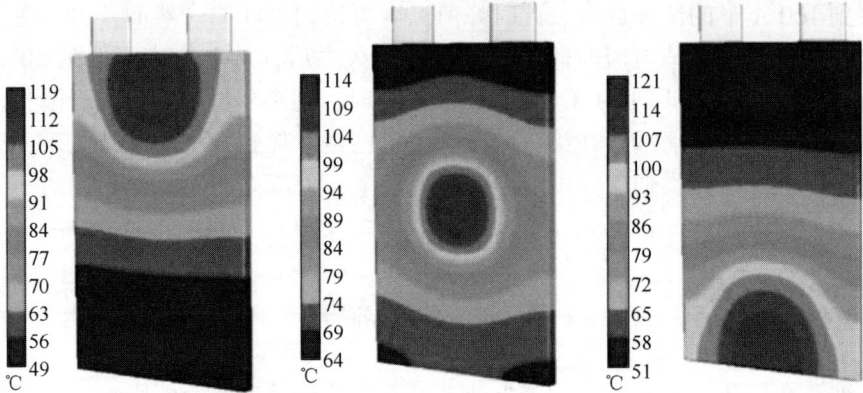

图 1-6 60°顶部、中心和底部穿透的电池表面温度模拟结果[6]

图 1-6 彩图

## 1.2.2 碰撞或挤压

碰撞（或挤压）是锂电池的另一种类型的机械滥用。在锂电池的日常使用过程中，堆叠电池会不可避免地受到外部负载力的作用。如果施加的力增加，例如在碰撞的情况下，电池的外壳将破裂，这将导致隔膜破裂，甚至触发内部短路。由于使用锂电池的车辆数量不断增加，在碰撞或碰撞过程中对电池行为的安全担忧变得更加突出。

锂电池的外壳是第一级机械保护，需要抵抗任何机械力，以确保电池内部结构的完整性。碰撞会损坏锂电池的框体，造成严重后果。锂电池碰撞演化的机理如图 1-7 所示。当受到外力接触时，电池的外壳会变形。Zhang 等[7]使用 60°楔形板对电池模块进行了低速（0.06 mm/s）碰撞试验，测试顺序如图 1-8 所示，楔形物穿透电池的外壳并引起外壳的机械变形。当受到连续的碰撞时，电池内部被触动，电池组件变形，在电极材料和集流器中出现裂纹和径向位移，形成剪切带，层间间距减小。在渐进式碰撞下，集流体和活性物质处的剪切带不断扩张，倾角发生变化，形成 45°断层线，这是剪切带的最大扩张。当压缩增加时，隔膜被扭曲和拉伸到一个破坏点，从而被撕裂，同时，电极之间的接触会引发内部短路。这说明车载电池组的布置方式会影响车辆的碰撞响应。Qiao 等[8]研究了由 12 个方形电池组成的电池模块在正面碰撞试验中的安全性，发现在 50 km/h 的碰撞条件下，前壳体明显发生变形。但是，由于外力分布在前部，因此系统的后部没有受到影响。碰撞测试对于电池制造商来说确实是不可避免的，因为它有助于了解涉及碰撞的电池安全事故中锂电池系统的机械故障。然而，由于一些因素

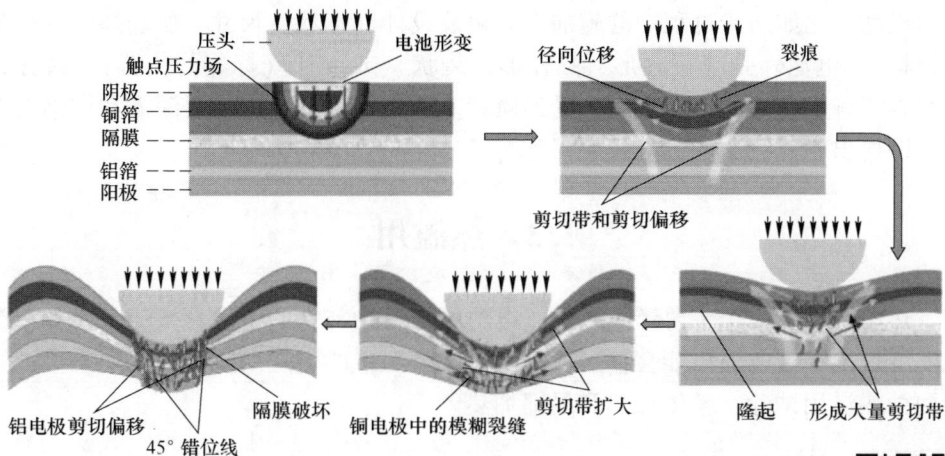

图 1-7 彩图

图 1-7 锂电池动态碰撞演化机制

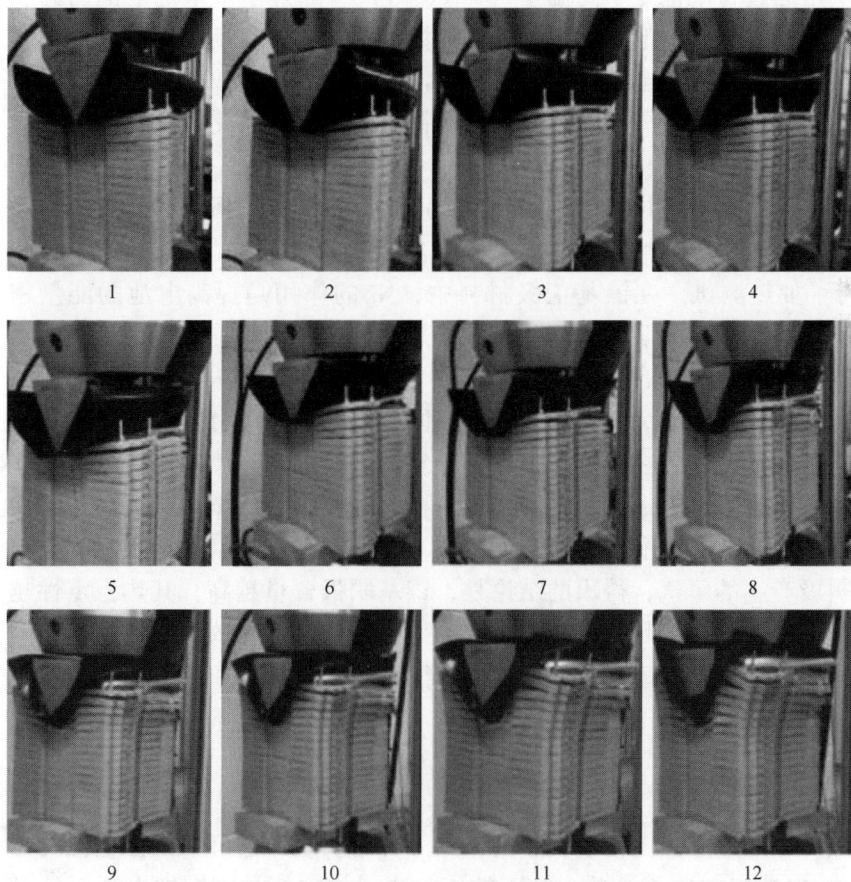

图 1-8 60°楔形板与电池模块碰撞不同次数的效果图

（1～12 代表碰撞次数）

的随机性，比如碰撞过程中的施加力、包装设计（形状、尺寸、所选择的保护外壳材料）、电池外壳（棱柱形、圆柱形、袋状）或设计（标签的位置），碰撞试验与真实碰撞事故的比较经常会受到质疑。因此，有必要进行更深入和详细的调查，以提出碰撞测试的标准程序。

## 1.3  热滥用

热滥用是第三个主要滥用条件。电池的安全性与它的温度直接相关，如果当地温度过高，锂电池可能会缩短使用寿命，甚至可能引发严重事故。通常可以进行两种热滥用试验：整体加热和局部加热。

### 1.3.1  整体加热

整体加热是通过将电池置于高温室（>100 ℃）或通过依次增加电池的温度直到电池热不稳定，将锂电池暴露于恶劣的环境中引起的。在高温下，由于锂离子电池的耐热范围较小，在电池内部会发生电池组分的分解和放热副反应。通常情况下，包括固体电解质膜分解、阳极活跃的锂反应、隔膜熔化及阴极和电解质分解。

Wang 等[9]报道了镍基正极材料中镍（Ni）比对热失控传播行为的影响。在扩展体积加速量热计中对含有不同镍含量的三元锂电池 NCM111、NCM523 和 NCM622 进行了加热测试。在镍基正极材料中，Ni 的作用是提高电池的能量密度。然而，高镍含量会导致阴极更活跃，在加热时稳定性较差。电池的最高温度依次为 NCM622 >NCM523 ≥ NCM111。随着 Ni 含量的增加，热失控的触发时间缩短，总发热量增加。作者认为，由于 Ni 是一种高活性元素，因此 Ni 含量的比例越高，活性越高，这种现象在高温下加速，导致阴极材料的热稳定性变差。当在模块级别（4 个电池串联）进行同样的实验时，发现 NCM622 比其他模块（NCM523 和 NCM111）燃烧得更猛烈。另外，作者测量了所有镍基阴极材料在热失控过程中阴极产生的氧气，得出的结论是，镍基阴极含量越高，其热稳定性越差，阴极材料的热分解速度越快，从而释放出更多的氧气。释放的活性氧与电解质反应会产生高含量的 CO 和 $CO_2$，因此，当热失控发生时，富镍阴极材料更危险。

### 1.3.2  局部加热

局部加热可以通过加热电池系统中的一个元件来实现，它可以是锂电池的一侧或电池模块/电池组中的一个单元。通常，此测试的目标是观察锂电池系统的热失控传播行为。密闭电池系统中，传导热是两个电池间热失控传播的主要传热方式。一些研究已经研究了阻燃传播元件，以降低锂电池系统中火灾传播的风险。例如，Niu 等[10] 提出了一种具有阻燃涂层的相变材料，并获得了降低电池热失控传播的方法。虽然热通过传导传递，但在热失控过程中，热量也可以遵循电池系统的附属配置。Zhou 等[11] 在不同并联串联的电池模块中触发热失控，即12 个无电连接的电池，4P3S（四组带相变材料的电池组并联，每组三个电池串联）和 3P4S（三组带相变材料的电池组并联，每组四个电池串联），如图 1-9 所示。结果表明，无电路连接的系统提升了模块的安全性，因为电池被更好地隔离了。由于平行连接增加了放热反应，与无电连接的模块相比，4P3S 和 3P4S 对相邻电池产生了更大的热通量，这导致了更短的热失控传播时间和更危险的热失控传播。当电连接时，来自触发单元的能量可为相邻单元的触发热失控贡献高达52%~67%。但是，4PS3 和 3P4S 之间的热失控传播没有明显差异。

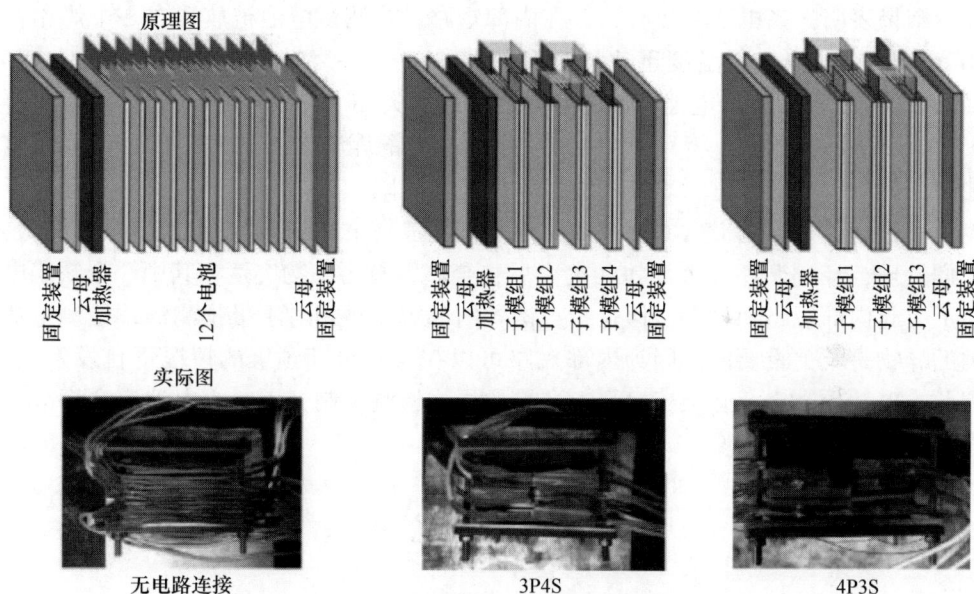

图 1-9　不同电连接方式的电池模块原理图和实际效果图[12]

3P4S—3 并联 4 串联结构；4P3S—4 并联 3 串联结构

# 1.4　内部短路

几乎所有热失控的原因都会导致内部短路。这是由于隔膜的熔化使阳极和阴极之间能够接触，在这种情况下，锂离子电池内部的电化学能量迅速释放，导致大量的热量产生和温度升高，从而加速放热副反应。目前，一般认为当电池发生内部短路时，会立即导致电池失效，因此锂电池系统必须能够在内部短路即将发生时有效地诊断。近年来出现了多篇关于故障诊断和内部短路检测的论文，内部短路可以通过电、机械还有热滥用引起。然而，当发生电池安全事故时，有时锂电池在事故发生前甚至没有使用或滥用。例如，电动汽车在停车位爆炸或燃烧的事故。严格来说，导致热失控的典型锂电池因素（温度和电压）是正常的，这种现象被称为自发内部短路或自诱导内部短路，它可能是由制造过程中的缺陷或污染引起的。自诱导内部短路的起源被分解为制造过程中引起的缺陷和结构变形。在锂离子电池的制造过程中，可能会引入灰尘或金属颗粒，如 Mn、Co、Al、Cu、Ni 和 Fe。另外，结构变形主要是由隔膜和电极缺陷造成的，电极上的毛刺和隔膜上的微裂纹经常被报道为主要的结构变形原因。Zhang 等[13]试图通过在极芯中加入异物来复制内部短路。在低温下，形状记忆合金保持扁平，因此不起作用。然而，在高温下，形状记忆合金的箭头会向上弯曲并刺穿隔膜，导致热失控。结果表明，当电池加热时，存在内部短路。当测试电池被放置在一个烤箱在 70 ℃预热，电池表面温度迅速增加到最高 393 ℃，终端电压突然下降到 0 V。Zhang 等的研究表明，电池内部的异物会导致热失控。

Giammichele 等[14]将尺寸在 100~600 μm 的铜焊渣放入 105 A·h 的三元锂电池中，然后将锂电池进行表征实验以观察任何缺陷。事后分析证实，焊渣穿透了隔膜，造成了局部燃烧。Giammichele 等继续对剩余的缺陷电池进行循环试验，他们发现，经过循环（大于 300 次）后，金属颗粒污染物突然在其中一个缺陷电池上引起内部短路和自燃。但是，自诱导内部短路是相对不可预测的，检测电池内的异物是至关重要的，因为内部短路可以在没有早期预警的情况下自发发生。因此，电池生产企业必须建立严肃严格的异物检测机制，以减少电池安全事故的发生。

# 1.5 串扰

在目前的锂电池配置中，微孔隔膜夹在阴极和阳极之间，电池充满有机液体电解质，电极串扰不仅可以在阴极产生，也可以在阳极产生。因此，它是一种双向现象，包括阴极-阳极和阳极-阴极串扰。在绝大多数情况下，电极串扰是有害的。串扰的不利影响不仅在电池持续自放电过程中表现明显，还表现为库仑效率降低、固体电解质界面或阴极电解质界面的持续生长，以及其他破坏性变化，如气体积聚、锂枝晶生长或死锂金属等，从而破坏电池寿命，甚至引发不良的自发热和热失控。

通常，阳极或阴极上的副产物可以大致分为三类：不溶性固体沉淀、电解质可溶性化合物和气态物质。可溶物质和气态物质都可能通过隔膜，它们是串扰中最受关注的化学物质。一种典型的串扰是过渡金属离子（TMs，如 Mn 离子、Ni

离子或 Co 离子）从阴极到阳极的迁移。简而言之，串扰的巨大不利影响可以概括为两点：（1）性能衰退加速。电极串扰是影响电池寿命的重要现象。由于串扰的存在，电极材料在电化学循环过程中会发生更严重的不良结构变化、表面副反应和元素浸出，导致界面阻抗增长加快、库仑效率降低、寿命损失加快。一方面，来自阴极的金属物质（TMs）、晶格氧物质（$O_2$）和电解质氧化产物可以穿过隔膜并破坏阳极，导致阴极到阳极串扰。另一方面，在阳极侧产生的还原性气体（$H_2$、$C_2H_4$）、氟化化合物［HF、$POF_x(OH)_y$］、羧基化合物和有机磷酸盐化合物可以向阴极扩散，导致阳极对阴极串扰。考虑到电极串扰对循环性能的巨大影响，抑制电极串扰正成为开发长寿命高能电池的关键策略。（2）引发放热反应。安全性能不足是制约高能锂电池实际应用的一个关键问题，在过热或过充电的情况下，贫镍阴极由于不可逆的相变而产生氧化物质，而锂化阳极由于热降解而产生还原性物质（$R^*$，如 $H_2$、$CH_4$、$C_2H_4$）。这些危险的前体会在电极之间产生串扰，引发一系列放热反应，随后引发电池热失控。因此，抑制热致串扰对提升高能电池的安全性具有重要意义。

近年来，由于电极串扰对电池寿命和安全性的严重影响，引起了人们越来越多的关注。首先，采用改性电极材料可以抑制串扰的产生；其次，寄生化学物质的迁移可以通过使用串扰阻断电解质和隔膜来阻止。然而，目前的努力只是减轻电极串扰的冰山一角，研究串扰抑制是一项巨大的工程，电池的每个部分都值得特别关注。

## 参 考 文 献

［1］ ZHANG G, WEI X, ZHU J, et al. Revealing the failure mechanisms of lithium-ion batteries during dynamic overcharge［J］. Journal of Power Sources, 2022, 543: 231867.

［2］ ZHAO C, WANG T, HUANG Z, et al. Experimental study on thermal runaway of fully charged and overcharged lithium-ion batteries under adiabatic and side-heating test［J］. Journal of Energy Storage, 2021, 38: 102519.

［3］ HUANG L, ZHANG Z, WANG Z, et al. Thermal runaway behavior during overcharge for large-format Lithium-ion batteries with different packaging patterns［J］. Journal of Energy Storage, 2019, 25: 100811.

［4］ SUN P, ZHANG X. Lithium-ion battery degradation caused by overcharging at low temperatures ［J］. Thermal Science and Engineering Progress, 2022, 30: 101266.

［5］ AIELLO L, GSTREIN G, ERKER S, et al. Optimized nail for penetration test on lithium-ion cells and its utilization for the validation of a multilayer electro-thermal model［J］. Batteries-Basel, 2022, 8: 32.

［6］ LIU Y, LI Y, LIAO Y G, et al. Effects of state-of-charge and penetration location on variations in temperature and terminal voltage of a lithium-ion battery cell during penetration tests［J］. Batteries-Basel, 2021, 7: 81.

［7］ ZHANG G, WEI X, TANG X, et al. Internal short circuit mechanisms, experimental approaches and detection methods of Lithium-ion batteries for electric vehicles: A review ［J］. Renewable and Sustainable Energy Reviews, 2021, 141: 110790.

［8］ QIAO W, YU L, ZHANG Z, et al. Study on the battery safety in frontal collision of electric vehicle ［J］. Journal of Physics: Conference Series, 2021, 2137: 29-31.

［9］ WANG H, DU Z, RUI X, et al. A comparative analysis on thermal runaway behavior of $Li(Ni_xCo_yMn_z)O_2$ battery with different nickel contents at cell and module level ［J］. Journal of Hazardous Materials, 2020, 393: 122361.

［10］ NIU J, DENG S, GAO X, et al. Experimental study on low thermal conductive and flame retardant phase change composite material for mitigating battery thermal runaway propagation ［J］. Journal of Energy Storage, 2022, 47: 103557.

［11］ ZHOU Z, ZHOU X. Experimentally exploring thermal runaway propagation and prevention in the prismatic lithium-ion battery with different connections ［J］. Process Safety and Environmental Protection, 2022, 164: 517-527.

［12］ XU C, ZHANG F, FENG X, et al. Experimental study on thermal runaway propagation of Lithium-ion battery modules with different parallel-series hybrid connections ［J］. Journal of Cleaner Production, 2021, 284: 124749.

［13］ ZHANG M, DU J, LIU L, et al. Internal short circuit trigger method for lithium-ion battery based on shape memory alloy ［J］. Journal of the Electrochemical Society, 2017, 164: A3038-A3044.

［14］ GIAMMICHELE L, D'ALESSANDRO V, FALONE M, et al. Thermal behaviour of a cylindrical Li-ion battery ［J］. Tecnica Italiana, 2021, 65: 218-223.

# 2 锂离子电池的控温

温度对锂离子电池的性能、寿命和安全性影响很大，需要在电池的设计、运行和管理中认真考虑，锂离子电池在低温或高温下的性能退化仍是一个重大挑战。电池模块内的热量积累对其性能和寿命有负面影响，导致整体效率降低，即使温度稍微升高，也会显著降低电池寿命。例如，在 30~40 ℃ 的温度范围，温度每升高一度，电池寿命就会缩短两个月。温度的升高会导致电池寿命缩短，输出功率降低，性能下降，从而导致热滥用。这种下降的特征是电池容量和可用能量的减少。通过一系列重复循环，温度从 25 ℃ 上升到 55 ℃，将会导致 4.85% 的正极电极和 3.29% 的负极组件的退化。正极材料退化的原因是表面上形成了一层薄膜，相比之下，固体电解质膜的形成会导致负极材料的劣化，并且，温度升高比温度降低更容易引起热失控。当固体电解质膜破裂时，负极将直接与电解质相互作用，增加了电池发生热失控的可能性。

锂离子电池热失控时温度可达 800 ℃ 以上，容易着火爆炸，引发相邻电池及整个电池组的热失控。此外，电池模块内部的温度变化会显著影响电池的性能，电池之间的温度梯度超过 5 ℃ 会降低 10% 的功率输出，加速 25% 的热老化。值得注意的是，大多数锂离子电池在低于 5 ℃ 的温度下无法快速充电，在低于 0 ℃ 的温度下根本无法充电。锂离子电池的最佳工作温度范围取决于所使用的正极材料的类型，通常被认为是在 15~35 ℃。

为了防止电池过热并提高电池的电化学性能，电池热管理系统在高温和低温设置下控制电池组内的温度，电池热管理系统还控制温度均匀性，并保持电池组的理想工作温度。除了冷却，降低电池的内阻是减少热量产生的好方法，然而，电化学反应必须产生热量，这是不可避免的。因此，电池热管理系统是将电池温度保持在最佳范围内的关键组件。成功在汽车上应用的电池热管理系统的关键特征包括价格低、质量轻、可靠、紧凑、易于包装和维护。电池热管理系统可以根据周围温度和所需条件执行各种任务，例如冷却（在超过最佳温度的炎热天气中，以防止极端损坏或加速降解）、加热（在低于最佳温度的寒冷天气中，以防在快速充电时损坏）、绝缘（以减少电池和电池之间的温差），在炎热或寒冷的天气下对电池组内外进行通风（以排出有害气体）。通常，电池热管理系统不需要改变电池规格，如电极厚度或材料，它侧重利用空气、液体或温度调节来冷却电池的外部，分为主动、被动或混合电池热管理系统。主动系统采用强制冷却剂循环，被动系统采用相变储能材料和热管，混合动力系统结合了主动和被动电池温度管理策略。

# 2.1　主动控温技术

主动冷却技术包括液体冷却、空气冷却和热电冷却，利用由泵、压缩机和鼓风机推动的流体循环来加强传热过程。空气是一种低循环成本的高效冷却剂，强制空气对流系统可应用于各种电池布置。液体冷却以其更高的导热性而闻名，其效率超过了空气冷却，冷板和热管能降低电池单元之间的温度并分散热量。大量研究表明，与空气冷却相比，液体冷却具有更优越的性能。热电冷却器将电能转化为温差，并可与冷板集成，用于电池热管理。半导体制冷器可增强了基于液体的热管理系统的冷却潜力。

## 2.1.1　气体控温技术

由于固有的特性，空气冷却是冷却电池的常用技术，其优点包括结构简单、价格合理、电气安全、轻量化设计、没有泄漏问题及便于维护。很多电动汽车都有空气冷却系统。自然对流和诱导对流是空气冷却的两种方式。在高温环境中，对于较大的电池组，或者当有快速充放电循环时，自然冷却可能无法胜任。

因此，通过诱导对流冷却空气的方法已经开发出来，例如鼓风机、通风系统、增强气流管道和专门的翅片布置。对于锂离子电池的冷却系统，电池单元均匀排列在电池组内，随着车辆的前进，外部空气通过一侧的开口进入电池组，通过电池之间的孔进入电池组，并从另一侧的孔排出，这种气流有助于散热。利用风扇或鼓风机增加气流对充分冷却至关重要，特别是在车辆缓慢移动或高温条件下。电池热管理系统具有主动空气冷却，包括风扇、出口、通道和涡轮机产生通风，以散发热量并保持一致的温度分散。改变气流通道的各种设计已被用于创建多种气流模式，例如平行 Z 型和 U 型风冷布置。不同尺寸和形状的翅片已被用于带翅片结构的风冷电池热管理系统，排列、交错和交叉阵列的电池配置为排列整齐的电池提供了优越的冷却性能。作为功能齐全的电池热管理，强制空气冷却系统的性能优于传统系统，然而，它们的有效性受到外部电源可用性的限制，这可能会影响热管理性能。

然而，高密度电池模块在电动汽车上的应用，以自然对流为基础的空调系统是不够的。由于空气的导热性和传热能力有限，空气冷却系统很难使电池系统和单个电池保持恒定的温度，与在类似排放条件下运行的基于液体的系统相比，空气冷却在最佳流量下难以有效散热。因此，自由对流冷却系统不适合密度较大的电动汽车电池组。图 2-1 描绘了一个被动风冷系统，它依赖进入电池组并通过电池空间的外部气流来去除产生的热量。然而，在车辆运动缓慢或高温条件下，该系统可能无法及时排出足够的热量。因此，图 2-2 提供了一个主动空气冷却系统，该系统利用进口和出口的鼓风机来改善气流并消除过多的热量。尽管存在噪声大、能耗增加等缺点，但由于这种电池组性能稳定，这种方法被普遍选择。

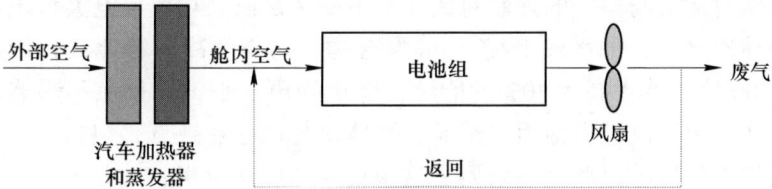

图 2-1　被动风冷原理图[1]

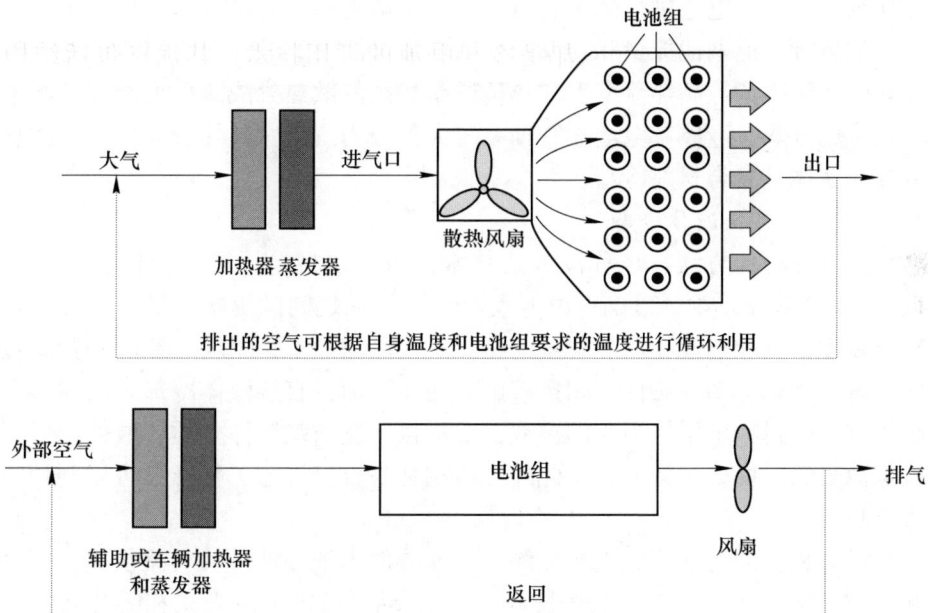

图 2-2　主动空气冷却的原理图[2]

主动式风冷电池热管理系统中采用的各种气流安排减轻了温度不均匀性的问题，提升了电池单体的整体温度均匀性。电池热管理系统的效能受到多种因素的影响，包括电池阵列的布置、所使用的各种互连方式及单个电池之间保持的间隙，虽然不均匀的间隙间距影响热分布，但它能有效减慢温度升高速度，交错排列可以减小电池间的最大温度变化[3]。

### 2.1.2　液体控温技术

在特定情况下，空气的自发对流和诱导对流不能将电池内部温度充分调节在最佳范围内，特别是对于以高倍率放电的大型电池组。尽管配置更复杂，基于液体的热控制与空气冷却相比具有更优越的性能，与空气相比，液体冷却剂通过传导运行，具有更高的比热容，从而有效地缓解了电池组过热的问题。研究人员观察到，自然对流或与空气的强制对流几乎不能满足以高功率放电大型电池的冷却要求。液体冷却剂，如水或水/乙二醇混合物，与空气冷却相比，它们的效率可以提高 3500 倍，节省高达 40% 的能源，降低噪声水平，并且在不影响冷却效率的情况下实现更紧凑的电池组。然而，液体冷却也存在缺点，包括复杂性、成本和潜在的泄漏风险，这些问题阻碍了这项技术的广泛应用。

尽管如此，液体冷却，特别是直接液体冷却，仍然是解决电池模块温度梯度的首选。锂离子电池的散热主要源于低导电性和高传热率，因此应采用高热容量的冷却剂对锂离子电池进行降温。虽然锂离子电池模块的热流密度比微电子器件低 3 个数量级，但电池能量和功率密度的增加可能导致散热成为热流问题。液体冷却有效地解决了与高热流密度和热传递率相关的散热挑战。根据冷却剂与电池的相互作用方式，液体基电池热管理系统大致分为三组：直接液体冷却、间接液体冷却和液体基复合材料冷却。

#### 2.1.2.1　直接液体冷却

直接液体冷却方法，也称浸入式技术，该方法将电池浸入液体介电冷却剂（如矿物或硅基油）中，以确保电池表面和冷却剂之间的直接接触。冷却剂通常具有低黏度、高导电性和高热容量的特点。在冷却效率、温度一致性和紧凑性等方面，直接接触冷却方法优于间接接触方法。然而，直接液体冷却方法对实现电池组的有效密封提出了相当大的挑战。直接接触型依赖液体介质，液体介质要么流过电池表面，要么保持静止。此外，将相变与直接接触法相结合可以利用潜热并改善热流。

在没有相变的情况下，直接接触式的换热能力依赖液体的对流换热，流动速度和工质结构对热工性能有显著影响。Patil 等[4]提出了浸入式和突片式冷却相结合的方法来解决温度不一致问题（见图 2-3）。他们的研究涉及电池与介电流体之间的直接接触，并用空气冷却电池片，突片冷却和液体冷却的结合显著改善了热均匀性。在冷却液中加入混合化学物质能有效增强直接接触电池热管理系统的热平衡，将流阻网络整合到几种通道拓扑中可以实现适当的温度特性、电压均匀性和功率需求。尽管直接冷却系统的重量、复杂性和潜在的泄漏风险增加，但在减轻高热负荷和解决电动汽车电池快速充电过程中的噪声问题方面显示出了良好的效果。

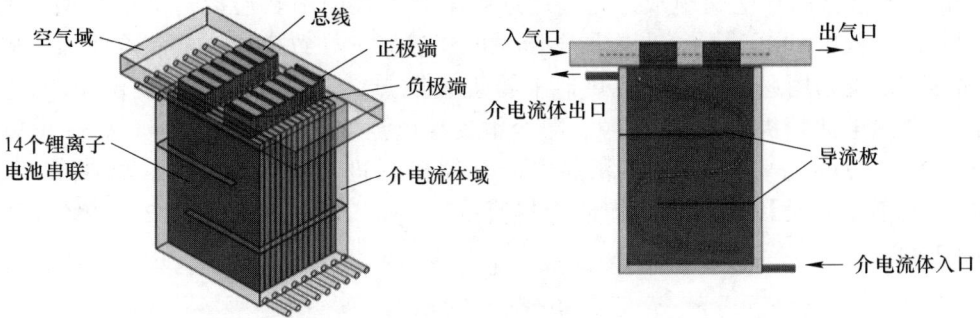

图 2-3　浸入式和突片式冷却相结合的示意图

　　性能优异的制冷剂已逐步集成到沸腾冷却系统中，以利用其良好的物理特性，例如 1 atm（1 atm = 101325 Pa）时的沸腾温度为 34 ℃。这些制冷剂也不易燃和无腐蚀性，能提供可靠的电池保护。

### 2.1.2.2　间接液体冷却

　　与直接液体冷却相比，使用水或水-乙二醇混合物的间接液体冷却显示出更高的效率，主要是因为与油相比，这些间接接触液体的黏度更低，导热系数更高。因此，作为一种间接的液体冷却方法，水冷却比直接液体冷却得到了更广泛的接受。液冷系统以其高效、适应性强而著称，在电动汽车中得到了广泛的应用。例如，在一个包含 5664 个 18650 型锂离子电池的电动汽车电池组采用了波浪形小通道设计，使用了含有 47% 水和 53% 乙二醇的冷却剂混合物。事实证明，液体冷却技术适用于这款电动汽车电池组，因为它可以将锂离子电池的工作温度保持在可接受的范围内，同时控制单个锂离子电池之间的温差。与空气冷却系统相比，液体冷却系统体积更大，成本更高，需要更多的维护。此外，液体冷却存在泄漏的可能性。间接液体冷却技术涉及包含不同形状的管或通道的面板，包括特斯拉的蛇形形式，以有效地传递电池的热量。

　　液体冷却被广泛使用，对液体介质的冷却和提高热性能的通道的研究主要集中在优化拓扑和机械元件上。不同的流体，包括水、乙二醇流体、油、纳米流体和各种液态金属，以及不同的流动模式已经被研究过。采用带有微通道或分离管的冷板具有良好的冷却效果，冷板冷却剂可以采用多种配置，如平行、U 形、蛇形和涡形设计。

## 2.1.3　基于热电元件的控温系统

　　热电模块可以将电力的电压转化为温差，因此，它们在各种加热和冷却应用中很受欢迎。这些应用包括热电发电机和冷却器，热电发电机利用塞贝克效应将热量转化为电能，而冷却器利用珀耳帖效应提供加热功能。典型的半导体制冷装置由相互连接的热电腿组成，它们通过电串联和代谢串联连接，具有 P 型和 N 型元件。从 N 到 P 连接，当施加电压时电流流动，导致模块一侧制冷而另一侧加热，系统采用风冷介质和吸热器来管理和散热。通过向加热器提供 40 V 电源，向热电冰箱提供 12 V 电源，单个铜支撑电池的电池表面温度将从 55 ℃ 降至 12 ℃。Qiu 等[5]对变截面积热电冷却器概念进行了数值研究。结果表明，与截面不变的设计相比，冷却能力提高 35.73%，性能系数提高 21.59%（见图 2-4）。

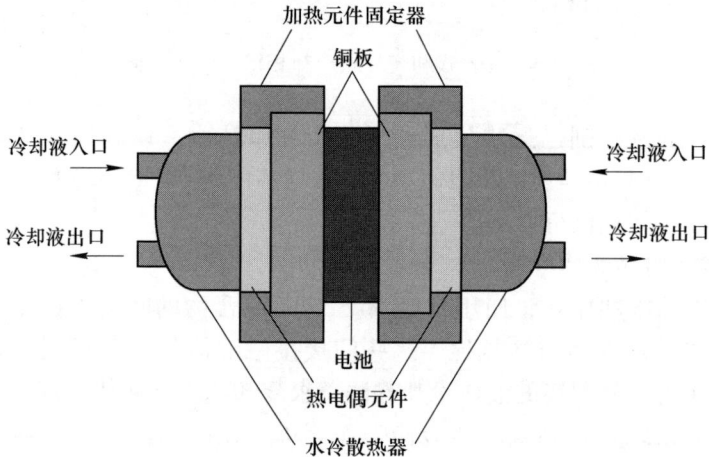

图 2-4　珀耳帖效应加热结构图[6]

### 2.1.4　基于制冷剂的控温系统

制冷剂冷却系统是一种利用气液相变促进传热的主动冷却体系，该系统需要额外的组件才能有效运行。它基于蒸汽压缩循环运行，类似空调系统中使用的循环。在基于制冷剂的冷却中，有必要将二次蒸发器与车辆现有的交流蒸发器串联起来，这样可以实现在空调和制冷剂冷却中使用相同的蒸汽压缩循环，进而在空调系统运行时延长制冷剂冷却周期。基于制冷剂的电池热管理系统显著提高了冷却性能，特别是在多次放电和充电循环时，并提高了车辆的比能量和整体效率。由于汽车的空调系统已经具有蒸汽压缩循环，因此没有额外的重量。与其他配置相比，使用制冷剂和冷却剂的混合循环系统显示出最低的电池温度升高。此外，这种混合循环系统使电池之间的温度分布更加一致。

Guo 等[7]研究了电气化汽车中基于制冷剂的电池热管理系统的实施，目标是确保电池的热保护和机舱内的温度舒适。该研究还分析了在不使用其他设备的情况下使用制冷剂直接加热或冷却电池的方法。图 2-5 描述了基于制冷剂的电池热管理系统的原理。在混合冷却模式下，数值模拟结果表明，所提出的电池热管理系统可以在夏季独立调节电池和隔间制冷系统的温度，允许舱内空气循环，可以使电池冷却到适当的温度而不会过热。在冬季，电池热管理系统在电池和机舱模式下同时运行，在 0~7 ℃ 的室外条件下，系统分别可以在 15 min 和 9 min 内完成预热。工程师对基于制冷剂的电池热管理系统产生了浓厚的兴趣，因为它可以在充电周期中冷却电池。同时，该系统与现有空调机组集成所需的附加组件很少。此外，基于制冷剂的冷却还可以在电池冷却过程中实现更均匀的温度分布，降低热失控风险，并改善散热。然而，这种冷却系统的一个主要问题是在寒冷气候下，它需要集成额外的热泵或加热器，使系统更加复杂和昂贵。

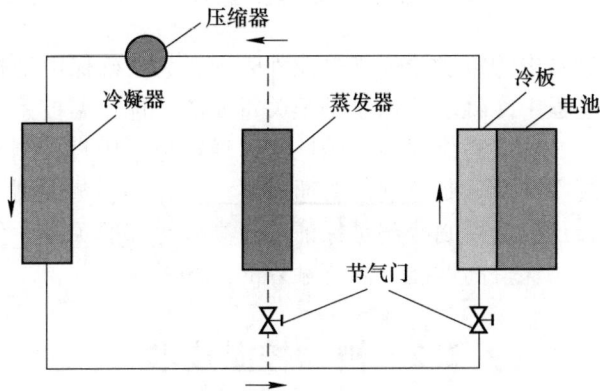

图 2-5　热管理耦合示意图[8]

根据制冷剂系统的配置，当存在一个制冷剂循环并同时与两个蒸发器相关联时，由于乘客舱热负荷要求和电池系统热负荷要求的不同，可能会出现热控制冲突。在这种情况下，出于安全原因，电池热管理系统优先于乘客的热舒适。R134a、R1234yf 和 $CO_2$（二氧化碳）等制冷剂已被研究用于电动汽车电池制冷系统。这些制冷剂对电池冷却系统的物理和功能适用性各不相同，每种制冷剂都有优点和缺点，在为电动汽车电池调节系统选择最合适的制冷剂时必须考虑这些优点和缺点。

采用带翅片管的热交换器对电池组进行冷却，即使在 40 ℃ 的环境温度下，电池组内的温度控制和均匀性也是可以实现的。Zareer 等[9]提出了一种新型冷却系统，该系统采用液-气相变材料来缓解锂离子电池中的温度升高和温度梯度（见图 2-6）。基于液-气机制，该冷却系统具有高潜热容，使其能够在保持稳定的相变材料温度的同时消除产生大量热量的电池。此外，他们还研究了 R134a 蒸汽池对电池寿命的影响。在本系统中，电池浸泡在饱和的 R134a 溶液池中，R134a 制冷剂蒸发并在此过程中冷却电池。

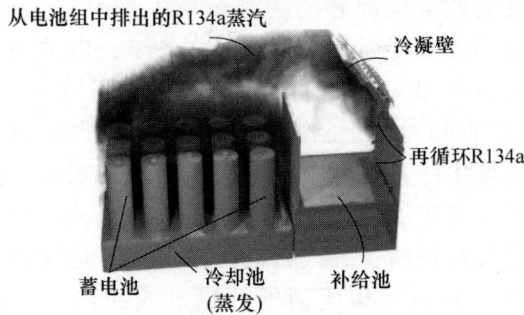

图 2-6　液-气相变冷却示意图

R134a—四氟乙烷基制冷剂

由于冷板或盘管中的蒸发器位于电池外壳内，为了确保电池模块不暴露在空气中，防止运行过程中冷凝水的积累是至关重要的。优化温控系统流量和制冷剂流量控制策略可以显著提高冷却系统的性能，通常也采用直接制冷剂冷却，将电池浸入饱和液态制冷剂中。制冷剂需要通过泵、冷凝器、蒸发器、阀门等多种部件进行有效冷却，正确选择制冷剂是保证电池高效冷却的关键。然而，仅仅依靠制冷剂冷却可能无法保持高性能，需要额外的冷却系统。

# 2.2　被动控温技术

电池热管系统采用被动冷却策略，在没有外部电源的情况下，利用环境条件、材料特性和几何变化来散热。在被动式电池热管理系统中，忽略对外部环境散热的依赖使其成为一种高效节能的热管理方法。这些方法具有许多优点，包括结构紧凑、设计简单、成本效益高、易于设置使用及长期耐用性。值得注意的是，被动冷却技术包含多种策略，例如使用相变材料和热管方法。许多研究已经探索了用于电池热管理的被动冷却技术，包括不同的电池配置布局、散热器和散热片、许多相变材料品种和热管。电池布局的优化，特别是圆柱形电池旨在增强自然空气对流或结合被动方法，如果利用相变材料，则可以增加电池组设计中的涡度。

## 2.2.1　热管控温技术

热管是一种封闭的真空热力学机制体系，它能有效地将管内工作流体的状态由液体转变为蒸汽进行传热。高压传热是一种被动双相传热方法，能够以最小的温度变化传递大量热量。热管的主要组成部分包括容器、用于操作的流体、芯和毛细管框架。容器的主要功能是将工作流体与外界环境隔离开。容器必须是防水的，并允许有效的热量从其墙壁传递到冷却剂。容器的最佳材料由强度、孔隙度、润湿性、导热性、织物性能、可加工性和其他相关特性等因素决定。最佳工作流体应具有高导热系数、合适的蒸气压、明显低的液体黏度、高的表面张力和潜热，其中表面张力和潜热是热管设计的重要参数。芯的主要功能是促进毛细管流，它在蒸发器和冷凝器之间传输工作流体。芯的孔结构可以由各种材料制成，如铝、镍、钢或铜，并且具有不同大小的孔。

　　热管主要包括三个部分：冷凝器、蒸发器和绝热管，如图 2-7 所示。热管是一种通过采用两相流机制将工作流体从液体状态转移到蒸汽状态，在冷凝器和蒸发器之间运行的具有高导热性的装置。热能在蒸发器通过传导传递，导致工作流体在毛细管结构表面蒸发时发生相变，这一过程提高了蒸发器内的区域蒸气压，有利于蒸汽向冷凝器运动，同时输送汽化的潜热。当蒸汽通过蒸汽空间并在毛细管结构表面凝结时，潜热就会释放，从而在冷凝器处去除能量，利用毛细管力驱动的毛细管结构使工作流体返回蒸发器。热管是冷却系统的一个很好的选择，因为它们能够使用被动结构传输大量的热流，有效促进了热量从热源传递到散热器。

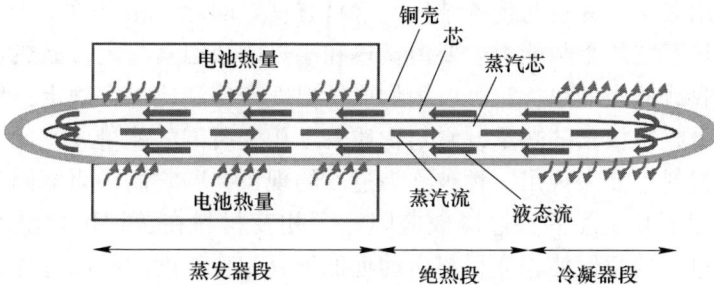

图 2-7　热管工作原理图[10]

　　此外，热管还能有效减小供热不均匀区域之间的温差，传递热流。热管的具体优点包括其便携性、可靠性、维护成本低、使用寿命长、效率高。在许多工业传热系统中，热管道被用于发电、消费电子、汽车设计、电力电子和航天器设计。使用热管来调节组装电池组温度的被动热管理系统已被广泛接受，热管将大量的热量从电池组的电气系统中转移出去，使其在可接受的温度范围内工作，它们减少了电池单元之间的温度梯度，使其成为热管理的可行选择。

　　尽管热管具有良好的导电性，但其面临着接触面积小和潜在泄漏等挑战。它们紧凑的设计和制造复杂性使它们相对昂贵，尤其是在使用铜的时候，然而，使用铝可以减少成本和重量。平板热管是混合动力汽车应用中有效的低能耗锂离子电池冷却装置，它们可以垂直和水平使用。振荡热管技术进行冷却也很有效，它包括一个冗长的蒸发器部分、简短的蛇形回路和一个多圈的冷凝器部分，振荡热管系统的传热效率取决于流体的填充率与体积分数。

### 2.2.2　相变储能材料控温技术

经历相变的材料可以在相变过程中释放或吸收热量，特别是在冷冻和解冻过程中，这种独特的特性使相变材料可以有效地用于加热和冷却应用。在冷冻过程中，相变材料释放出一定量的热能，包括结晶能和聚变潜热；另外在解冻过程中，相变材料从环境中吸收热能，使其从固体状态变为液体状态。因此，相变材料提供了有效的冷却途径。

利用相变材料的潜热热能储存可以通过各种相变来实现，包括从固体到固体、液体到固体、固体到气体。在这些转变中，固液相转变表现出几个值得注意的热物理优势：第一，固液相变材料可以在固定温度下储存或释放相对较高的潜热；第二，它们在广泛的温度范围内有效工作，为 0~150 ℃；第三，与液气和固气相变相比，固液相变的体积变化和蒸气压相对较小；第四，固液相变材料的生产过程相对简单，成本效益高。此外，固液相变材料在商业市场上很容易买到，不会对环境造成任何危险或影响，最重要的是，固液相变材料对金属存储容器的腐蚀作用最小，并且与传统结构元素具有良好的化学相容性。

潜热蓄热系统的蓄热能力主要由显热和潜热两个因素决定。显热是指材料在相变前后吸收或放出的热，它可以用物质的温度变化和比热容确定；另外潜热是相变过程中吸收或放出的热量，它与物质发生相变所需的能量成正比。在某些情况下，相变材料可能表现出一种被称为过冷的现象，即它们在明显低于其指定熔化温度的温度下开始凝固，过冷效应阻止了相变材料在预期熔化温度下释放潜热。相反，过冷现象促使相变材料启动远低于其相变温度的结晶过程，在此温度下，潜热通常被释放（见图 2-8）。虽然过冷效应不会显著影响相变材料的加热过程（熔化），但它在冷却过程中具有至关重要的作用。一旦温度明显下降到相变材料的熔化温度以下，凝固过程就开始了，其中结晶在释放潜热方面起着关键作用。成核是引发结晶的主要机制，可分为均相成核和非均相成核。当相变材料由于足够低的温度触发该过程时，会发生均匀成核。二次成核涉及将固体相变材料颗粒引入过冷相变材料以刺激该过程，另外非均相成核是由在相变材料中加入特定添加剂来启动成核过程引起的。

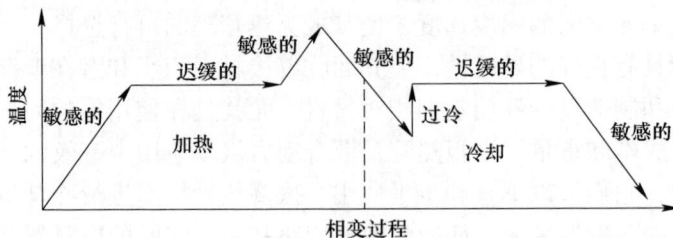

图 2-8　PCM 过冷熔化和凝固过程中的温度变化示意图[11]

# 2.3　主动与被动协同控温技术

科研工作者开发了多种冷却技术以保持电池组的温度在理想范围内，但是，每种技术都有限制，阻碍了最佳热管理的实现。因此，科学家已经研究并开发了混合冷却系统，结合两种或多种冷却技术来解决这个问题。混合冷却寻求通过结合优点和克服单个冷却技术的缺点来增强电池的热管理。近年来，对电池热管理的混合冷却系统进行了大量的研究，这些研究考察了结合各种冷却方法在维持最佳电池温度方面的功效，这些混合热管理系统的发展提高了电池的性能和安全性，下面将重点介绍电池组混合热管理系统领域的发展和发现。

## 2.3.1　热管与相变储能材料协同控温技术

将相变材料被动冷却与热管相结合，提高了冷却过程的效率，增强了系统的传热能力，从而使电池组的散热更有效。Zhang 等[12]对一种利用热管和注铜金属泡沫（MF）相变材料的独特分离型电池热管理系统进行了实验研究，旨在平衡 $LiFePO_4$ 电池组内的温度。在整个实验过程中，使用实验室规模的电池组进行充放电循环测试，包括 1 C、3 C、4 C 和 5 C 的放电速率试验，通过对比电池热管理系统与强制对流、自然对流和标准相变材料模式的性能来评估散热和温度均匀性的差异。试验结果表明，采用热管-注铜金属泡沫相变材料的分离式电池热管理系统提高了电池组在各种工况下的性能和可靠性，成功减少了电池组内的温度不平衡，提高了运行稳定性。然而，应该注意的是，由于实验限制，没有测量在充放电循环过程中对电池热管理系统性能有显著影响的相变材料熔化速率。带有热管-注铜金属泡沫相变材料的分离型电池热管理系统有望实现高效的电池热管理（见图 2-9），该研究为优化电池热管理系统在电池技术中的实际应用提供有价值的思路。

为了研究市售棱镜电池在整个放电和充电周期中的热响应，Jiang 等[13]提出了一种基于热管–相变材料耦合配置的电池冷却系统（见图 2-10）。与膨胀石墨一起使用的两种相变材料都有不同的熔点，这种温差使相变材料的热能储存能力得到最佳利用。该冷却系统适用于包含数百个或数千个单独电池的电池组，可以应用于有大功率和容量要求的电池系统中。

Putra 等[14]提出了一种采用热管结合蜂蜡等相变材料的电池热管理系统。利用电池模拟器，他们评估了该系统的功效作为研究的一部分。所设计的电池热管理系统传热图如图 2-11 所示。根据实验结果，在 60 W 负载下单独使用热管导致最大温度降低 26.6 ℃。将热管与蜂蜡或 RT44HC 相变材料集成，进一步将电池模拟器的表面工作温度分别降低了 31.9 ℃ 和 33.2 ℃。这些结果证明了将热管和

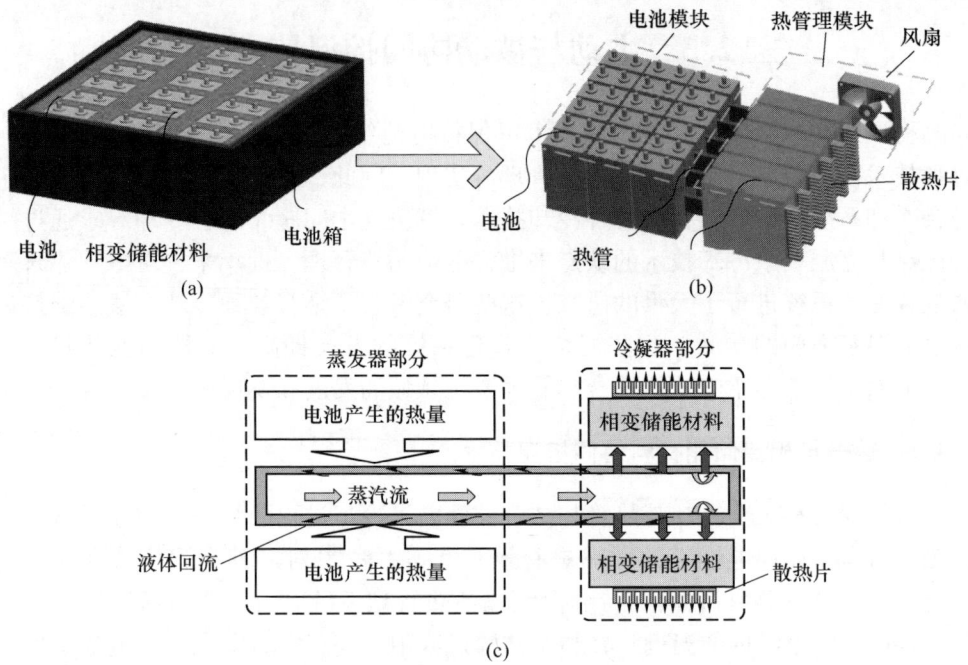

(a)　　　　　　　　　　　(b)

(c)

图 2-9　分离型电池热管理系统的原理图[12]

（a）基于相变储能材料的热管理系统；（b）基于热管辅助的相变储能材料的热管理系统；
（c）电池热管理系统中热的传导示意图

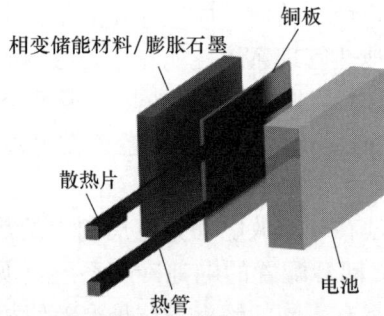

图 2-10　热管理模块原理图[13]

相变材料集成到电池热管理系统中进行温度管理的有效性，包括相变材料，如蜂蜡或 RT44HC，有助于提高冷却性能并显著降低工作温度。

　　Zhao 等[15]开发并评估了将相变材料与热管相结合的集成电池热管理单元。图 2-12 描述了相变材料–热管合并电池热管理单元的结构。该研究对比了三个不同的电池热管理系统：一个没有相变材料，一个有相变材料但没有嵌入式热管，

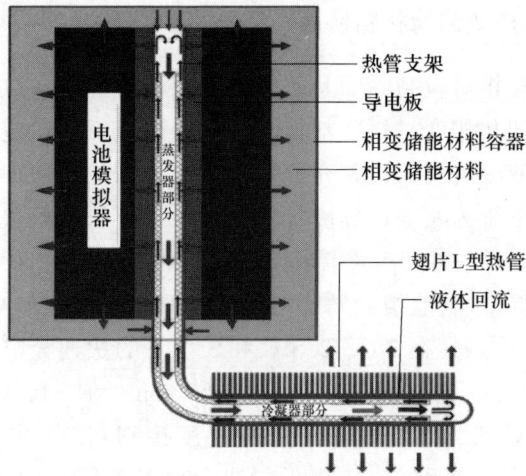

图 2-11 热电偶的实验设置和位置以及相变储能材料和热管的热交换与传递过程

一个既有相变材料又有嵌入式热管。根据结果，热管/相变材料集成模块优于基于空气/相变材料的电池热管理系统。在相当长的一段时间内，平均温度保持在50 ℃以下，此外，组合的热管/相变材料模块将电池单元之间的温差显著降低至小于 5 ℃。与传统的基于空气和基于相变材料的电池热管理系统相比，热管/相变材料组合电池热管理单元提供了更好的热控制。由于相变材料和热管的集成，整个电池单元的温度分布更加一致，这也使有效地控制温差成为可能。

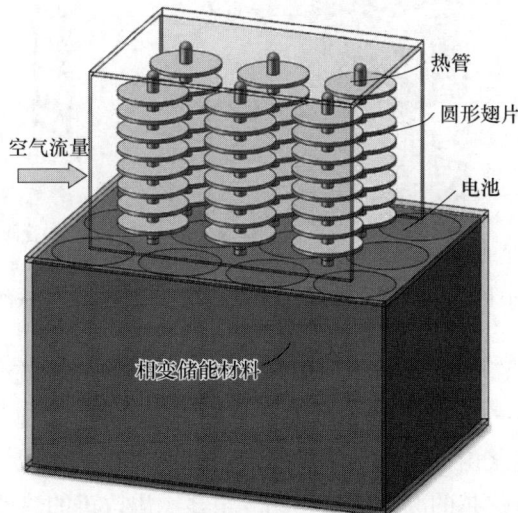

图 2-12 相变材料-热管合并模块原理图[15]

### 2.3.2　液冷系统与相变储能材料协同控温技术

液体冷却的能耗相对较高，而基于相变材料的冷却则导热性差，潜热容量有限，因此，液体冷却和相变材料冷却技术都需要改进，以适应重负荷和长时间循环运行。为了克服液冷的局限性并充分利用液冷方法的优势，结合液冷和相变材料冷却的新兴混合系统为实现最佳冷却效率提供了可行的解决方案。

Chen 等[16]提出了一种混合液体–相变材料冷却电池热管理系统，由 8 个棱柱形锂离子电池组成的电池组，每个电池的标准容量为 5 A·h，标准电压为 3.2 V，这项研究的重点是在 2 C、2.5 C 和 3 C 下的快速充电操作。实验装置液体流速为 54.00 mL/min，相变材料厚度为 0.65 mm。在 3 C 快速充电时，组合系统将能最高温度保持在 34.8 ℃以下，确保温度控制安全。此外，温度标准偏差被限制在 1 ℃，证明了该系统在锂离子电池之间实现温度均匀性的能力。

在相变材料/液体系统的组合中，液体冷却、材料和系统设计起着至关重要的作用。Kong 等[17]提出了一种基于相变材料温度控制冷却剂流速和入口温度的方法，如图 2-13 所示，该系统通过根据相变材料温度调整冷却剂的流速和入口温度，实现了高效的热管理。这种动态控制策略使电池充电保持在可接受的温度范围内，防止潜在热问题的发生。此外，该方法通过优化能源使用，提高了系统整体性能，降低了能耗。

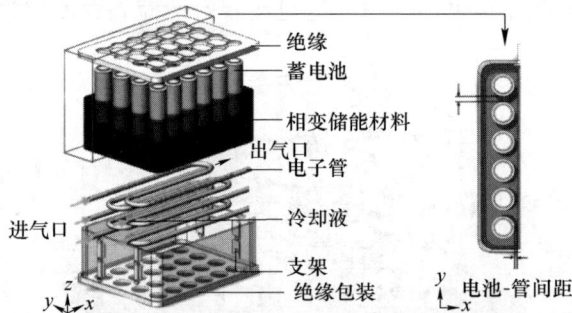

图 2-13　基于相变材料温度控制冷却剂流速和入口温度方法的示意图[17]

图 2-14 为白凡飞等介绍的基于相变浆的电池热管理系统[18]，该方案通过软件建模，并利用了一个小通道冷却板，比较了相变浆与其他冷却剂的冷却效果。研究人员发现，相变浆由 20% 的八癸烷微胶囊和 80% 的水组成，与矿物油、水和乙二醇溶液相比，具有优越的冷却效果。相变浆显示出改进的热调控能力，使其成为电池应用中有前途的冷却剂。使用相变浆料作为冷却介质比传统冷却剂更有优势，加入相变材料，如正辛癸烷微胶囊，有助于在相变过程中吸收和释放热量。相变浆

的特性提高了电池系统的冷却效率，并有助于维持预期的温度范围。

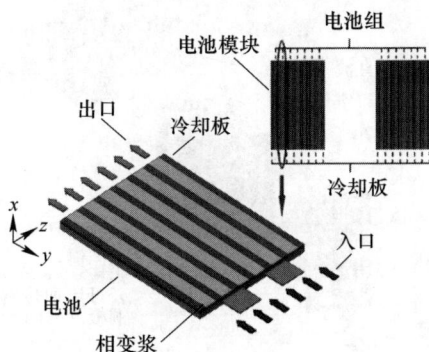

图 2-14 基于相变浆的电池热管理系统示意图[18]

Zhang 及其同事[19]提出了一种结合相变材料和液体冷却技术的解决方案，以减少锂离子电池电源组中的热失控事件。他们的研究采用了铝分区结构，并且相变材料采用缓冲层来有效阻止热失控可能的传播，有效地解决了由相变材料的导热系数增加而导致的热失控蔓延的风险。

### 2.3.3 气冷系统与相变储能材料协同控温技术

在涉及较小电池负载和低环境温度条件的情况下，采用主动和被动协同的基于空气冷却技术的电池热管理系统得到了广泛的研究。虽然这些研究表明空气冷却可以提供足够的冷风，但它并不一定保证整个电池模块的温度均匀性，双向空气冷却策略已被证明可以提升温度均匀性。然而，当面临电池负载量大和高环境温度的工作条件时，由于空气的热容量相对较低，传统的空气冷却方法受到限制。因此，混合电池热管理系统需要克服空气冷却的限制，并确保在苛刻的条件下电池模块的有效冷却。

人们提出了多种技术增强传热，其中之一是利用相变复合材料。相变复合材料已经展现了增强电池组内热量分布和保持温度稳定性的潜力。Mehrabi 等[20]提出了一种集成冷却系统，将相变材料（石蜡）和强制空气冷却用于由方形电池组成的模块，如图 2-15 所示，该结构由风洞结构组成，其中空气在位于石蜡填充的有机玻璃腔内的两个方形电池之间流动。实验结果表明，混合冷却设计优于其他冷却方式。在恒热场景下，自由对流模式 721 s 后电池温度达到 60 ℃；在混合冷却实验中，这一持续时间上升到 1680 s，表明温度上升有明显的延迟。这表明，集成被动（相变材料）和主动（强制风冷）的重要组件有助于延迟相变材料的熔化过程和散热。

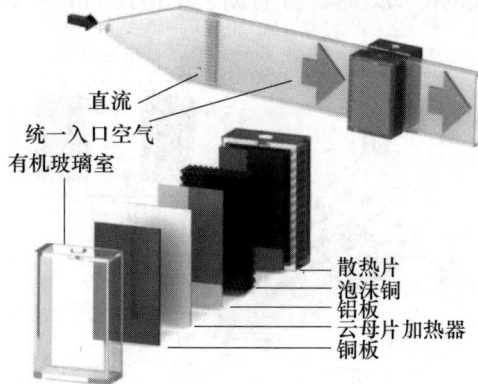

图 2-15　基于相变储能材料的强制风冷系统示意图[20]

　　Jilte 等[21]进行的研究为电池系统引入了一种新的冷却设计，即由相变材料包围的电池间空调，在他们的研究中，每个电池都集成在相变材料中，并串联起来。实验结果表明，这种新型封闭相变材料冷却系统的性能优于传统的封闭相变材料冷却系统，电池的最大温升小于 5 ℃，显示出有效的散热和温度控制。在每个电池周围使用 4 mm 厚度的相变材料是合适的，因为它可以确保有效的冷却，而不会显著影响车辆的重量。此外，这种改进的冷却系统电池间的排列允许更大的设计灵活性。

　　Qin 等[22]提出了一种结合相变材料和空气强迫对流技术改善电池热管理系统温度均匀性的创新方法，全面研究了一体化混合电池热管理系统的热效率。结果表明，主动冷却技术优于被动冷却技术，在主动冷却模式下放电速率为 3C 时，温度下降了 16 ℃，温差下降了 1.2 ℃。此外，根据实验结果，建议电池之间的距离保持在 5 mm 以获得最佳性能。这种一体化混合电池热管理系统性能的增强可归因于相变材料的相变特性，相变材料在电池运行过程中有效地吸收和散发热量。

　　Zheng 等[23]开发了解决电池组快速充电问题的组合方法。图 2-16 所示的结构由 110 个棱柱状电池组成，排列成 10S11P 结构，这些电池被放置在 8 条的冷却管道内。此外，该冷却系统包括绝热层和石蜡与膨胀石墨组成的复合相变储能材料，模拟量化了电池模块在 8 C 充电速率下的温度。结果表明：电池组的最高温度为 38.69 ℃，温差为 2.23 ℃。此外，该研究还揭示了相变材料的主要功能是增强电池和冷却剂之间的热传导，而不是单独充当吸热器。相变材料在整个热管理过程中占 10%，而液体冷却占 80%。该实验结果证明了集成冷却系统的有效性，其中相变材料有助于促进冷却管道和电池单元之间的有效热传递。

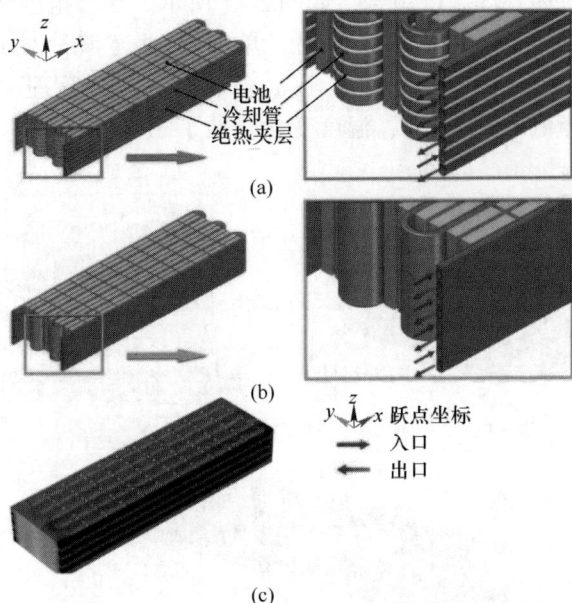

图 2-16 基于相变储能材料的液冷系统示意图[23]
(a) 绝热分层；(b) 不绝热分层；(c) 填充的相变储能材料

图 2-16 彩图

## 2.3.4 多元主动与被动协同控温技术

电池热管理系统中主动式和被动式冷却机制的多重集成是实现电动汽车电池最大散热效率和提高热效率的综合途径。在这种集成中，利用风扇或泵等机械部件的主动冷却系统与采用自然散热方法（如相变材料或散热器）的被动冷却系统协同工作。通过结合两种系统的优势，可以显著提高电池热管理系统的整体冷却能力和热控制能力。在高热量场景下，如快速充电或密集驾驶，主动冷却组件有效地从电池组中去除多余的热量，防止过热并保持最佳工作温度。同时，被动式冷却系统作为一种补充机制，在温度波动时吸收和散发热量，从而提供持续的热量管理支持。在低热量或待机期间，可以调节主动冷却组件以降低能耗，而被动冷却系统将电池温度保持在可接受的范围内。这种创新的集成确保了电池热管理系统即使在不同的负载条件下也能保持高效。采用复杂的控制算法和热管理策略实现低能耗的高效控温。先进的传感器持续监测电池温度，使系统能够根据当前工作状况实时动态调整主动和被动冷却组件的运行，电池热管理系统内多个主动式和被动式冷却系统的集成会影响电动汽车电池的整体热性能和效率。随着电动汽车技术的发展，这种集成冷却的解决方案在优化电池性能和行驶里程及保障电池健康和寿命方面变得越来越重要。Yang 等[24]设计了容量为 2 A·h 的圆柱形 18650 锂电池的热管理系统组合，如图 2-17 所示。混合电池热管理系统采用空气和微通道液体冷却，在 4 C 放电时，单个微通道液冷使最高温度保持在 31.83 ℃ 以下，温差在 4.13 ℃ 以内。在混合动力电池热管理中增加 4 m/s 的气流，使最佳温度降低了 2.22 ℃，温度变化降低了 2.04 ℃。

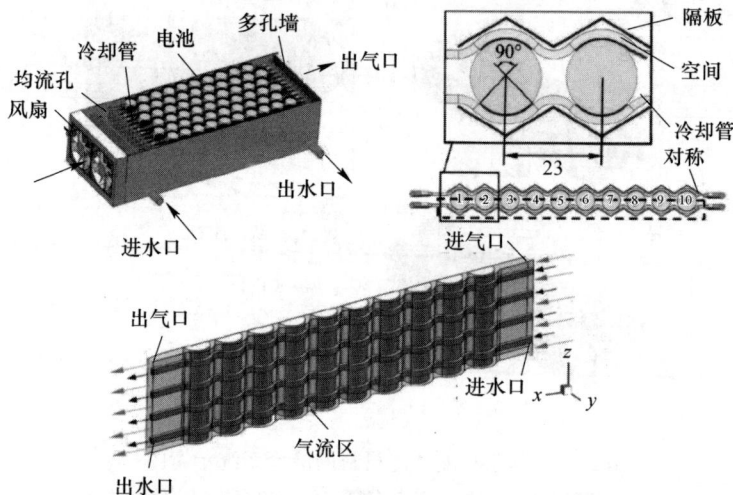

图 2-17　空气-微通道液体冷却系统示意图[24]

　　Li 等[25]使用主动空气和几个平行冷却通道构建了基于液体技术的混合型电池热管理系统。改进的控制方案和冷却液循环策略使电池温度保持在 41~42 ℃，并确保温差小于 2 ℃。Wei 及其同事[26]设计了一种新型空调管道，通过对流蒸发水分来提高冷却效率，该设计结合了空气冷却和液体冷却技术。该设计的主要特点是建造了一个有出口和进口的管道，这有利于对流空气冷却剂（主冷却剂）的通过。此外，电池被暴露在主要冷却剂的纤维导管包围，储水箱位于能量电池下方，以保持二次冷却剂的恒定供水，使毛细管驱动的流动无需额外的电池电源。这种混合冷却系统通过对流利用水蒸气，提供了更高的效率和均匀的冷却，有助于提高电池的整体性能和长寿。Huang 等[27]通过热控制系统实验考察了用于 30 个电池的圆柱形电池组的热管和相变材料组合的冷却系统。该组合系统由采用相变材料的电池模块组成，热泵组件配备了空气和液体冷却机制，在 3C 放电速率下，对比了纯相变材料系统与替代冷却方案的效率。研究结果表明，热泵和液冷具有显著的温度控制能力。在第三次恒流 3 C 放电期间，系统温度保持在小于 50 ℃。此外，通过液体冷却的热管表现出最轻微的温度变化（3 ℃）。这一结果突出了该特定冷却配置在实现相变材料电池模块内均匀一致的温度分布方面的效率，热管对有效传递热量和确保相变材料电池模块的温度均匀性至关重要。

该实验研究强调了相变材料/热管混合系统在圆柱形电池组有效热管理中的重要性，为实际应用中提高电池性能和安全性提供了宝贵的经验。

事实上，电动汽车等大型设备必须尽可能地轻，才能用同样的能量行驶很远的距离。但是，提高锂离子电池的能量密度和减轻重量将导致严重的热问题，因此，应该加快对混合冷却系统的研究。

# 2.4  其他控温策略

改变电极材料的组成和层数来降低电池组的内阻而减少产热是可行的：（1）在保持电极的适应性和耐力以承受锂离子扩散应变的同时，应最大限度地制造薄电极；（2）优化电极尺寸至关重要；（3）在正极表面涂覆碳、石墨烯和氧化物能提高电化学过程的速率和正极的电导率。虽然正极和负极的修饰可以有效降低内阻并提升安全性，但它们也会限制电池的能量密度。

## 参 考 文 献

[1] WANG Q, JIANG B, LI B, et al. A critical review of thermal management models and solutions of lithium-ion batteries for the development of pure electric vehicles [J]. Renewable and Sustainable Energy Reviews, 2016, 64: 106-128.

[2] PESARAN A A. Battery thermal management in EV and HEVs: Issues and solutions [J]. Battery Man, 2001, 43: 34-49.

[3] YANG N, ZHANG X, LI G, et al. Assessment of the forced air-cooling performance for cylindrical lithium-ion battery packs: A comparative analysis between aligned and staggered cell arrangements [J]. Applied Thermal Engineering, 2015, 80: 55-65.

[4] PATIL M, SEO J H, LEE M Y. A novel dielectric fluid immersion cooling technology for Li-ion battery thermal management [J]. Energy Conversion and Management, 2021, 229: 113715.

[5] QIU C, SHI W. Comprehensive modeling for optimized design of a thermoelectric cooler with non-constant cross-section: Theoretical considerations [J]. Applied Thermal Engineering, 2020, 176: 115384.

[6] TROXLER Y, WU B, MARINESCU M, et al. The effect of thermal gradients on the performance of lithium-ion batteries [J]. Journal of Power Sources, 2014, 247: 1018-1025.

[7] GUO J, JIANG F. A novel electric vehicle thermal management system based on cooling and heating of batteries by refrigerant [J]. Energy Conversion and Management, 2021, 237: 114145.

[8] RAO Z, WANG Q, HUANG C. Investigation of the thermal performance of phase change material/mini-channel coupled battery thermal management system [J]. Applied Energy, 2016, 164: 659-669.

[9] ZAREER A M, DINCER I, ROSEN M A. A novel approach for performance improvement of

liquid to vapor based battery cooling systems [J]. Energy Conversion and Management, 2019, 187: 191-204.

[10] BOONMA K, PATIMAPORNTAP N, MBULU H, et al. A review of the parameters affecting a heat pipe thermal management system for lithium-ion batteries [J]. Energies, 2022, 15: 8534.

[11] KIBRIA M A, ANISUR M R, MAHFUZ M H, et al. A review on thermophysical properties of nanoparticle dispersed phase change materials [J]. Energy Conversion and Management, 2015, 95: 69-89.

[12] ZHANG W, QIU J, YIN X, et al. A novel heat pipe assisted separation type battery thermal management system based on phase change material [J]. Applied Thermal Engineering, 2020, 165: 114571.

[13] JIANG Z Y, QU Z G. Lithium-ion battery thermal management using heat pipe and phase change material during discharge-charge cycle: A comprehensive numerical study [J]. Applied Energy, 2019, 242: 378-392.

[14] PUTRA N, SANDI A F, ARIANTARA B, et al. Performance of beeswax phase change material (PCM) and heat pipe as passive battery cooling system for electric vehicles [J]. Case Studies in Thermal Engineering, 2020, 21: 100655.

[15] ZHAO J, LV P, RAO Z. Experimental study on the thermal management performance of phase change material coupled with heat pipe for cylindrical power battery pack [J]. Experimental Thermal and Fluid Science, 2017, 82: 182-188.

[16] CHEN S, GARG A, GAO L, et al. An experimental investigation for a hybrid phase change material-liquid cooling strategy to achieve high-temperature uniformity of Li-ion battery module under fast charging [J]. International Journal of Energy Research, 2021, 45: 6198-6212.

[17] KONG D, PENG R, PING P, et al. A novel battery thermal management system coupling with PCM and optimized controllable liquid cooling for different ambient temperatures [J]. Energy Conversion and Management, 2020, 204: 112280.

[18] BAI F, CHEN M, SONG W, et al. Investigation of thermal management for lithium-ion pouch battery module based on phase change slurry and mini channel cooling plate [J]. Energy, 2019, 167: 561-574.

[19] ZHANG W, LIANG Z, YIN X, et al. Avoiding thermal runaway propagation of lithium-ion battery modules by using hybrid phase change material and liquid cooling [J]. Applied Thermal Engineering, 2021, 184: 116380.

[20] MEHRABI K M, HOUSHFAR E, ASHJAEE M. A novel hybrid thermal management for Li-ion batteries using phase change materials embedded in copper foams combined with forced-air convection [J]. International Journal of Thermal Sciences, 2019, 141: 47-61.

[21] JILTE R D, KUMAR R, AHMADI M H, et al. Battery thermal management system employing phase change material with cell-to-cell air cooling [J]. Applied Thermal Engineering, 2019, 161: 114199.

[22] QIN P, LIAO M, ZHANG D, et al. Experimental and numerical study on a novel hybrid battery thermal management system integrated forced-air convection and phase change material [J].

Energy Conversion and Management, 2019, 195: 1371-1381.

[23] ZHENG Y, SHI Y, HUANG Y. Optimisation with adiabatic interlayers for liquid-dominated cooling system on fast charging battery packs [J]. Applied Thermal Engineering, 2019, 147: 636-646.

[24] YANG W, ZHOU F, ZHOU H, et al. Thermal performance of cylindrical lithium-ion battery thermal management system integrated with mini-channel liquid cooling and air cooling [J]. Applied Thermal Engineering, 2020, 175: 115331.

[25] LI M, LIU F, HAN B, et al. Research on temperature control performance of battery thermal management system composited with multi-channel parallel liquid cooling and air cooling [J]. Ionics, 2021, 27: 2685-2695.

[26] WEI Y, AGELIN C M. Experimental investigation of a novel hybrid cooling method for lithium-ion batteries [J]. Applied Thermal Engineering, 2018, 136: 375-387.

[27] HUANG Q, LI X, ZHANG G, et al. Experimental investigation of the thermal performance of heat pipe assisted phase change material for battery thermal management system [J]. Applied Thermal Engineering, 2018, 141: 1092-1100.

# 3  锂离子电池热失控的预警

为了解决传统的能源短缺和环境污染问题，提出了碳达峰和碳中和的目标，即"双碳"目标。电化学储能是实现"双碳"目标的重要组成部分，锂离子电池占电化学储能的93%以上且逐年增长。然而，随着锂离子电池能量密度的不断提高，将面临巨大的挑战，在滥用条件下锂离子电池容易发生火灾和爆炸。事故的频繁发生阻碍了锂离子电池的进一步发展。

近年来，由锂离子电池引起的事故明显增多。据不完全统计，2015～2023年，全球电池储能站共发生60多起火灾事故，其带来的安全隐患和影响远比新能源电动汽车严重。2017年8月至2019年5月，韩国发生20多起锂离子电池火灾事故，所有储能项目暂停。2019年4月19日，美国亚利桑那州公共服务公司位于麦克米肯变电站的电池存储设施发生爆炸事故，造成多名消防员受伤，其中两人伤势严重。事故调查发现，碳阳极表面生长着白色的枝晶，这些枝晶刺穿了隔膜，从而导致电池热失控，由热失控引起的气体聚集在能源存储设施中，当消防员打开门时，电池发生了爆炸。在这次事故中，虽然灭火系统被触发，但无法有效阻止热量的传播。2021年4月16日，北京市丰台区大红门储能电站南楼发生火灾，采用干粉灭火器灭火后，熄灭的电池模块很快复燃，北楼在毫无征兆的情况下发生爆炸，造成两名消防员死亡，一名消防员严重受伤。

锂离子电池安全事故层出不穷，表明锂离子电池严重缺乏有效的预警和灭火技术。虽然在电池热失控的本质安全和防控技术方面已经取得了一定的进展，例如减少电池发热（使用安全电解质、耐高温阻燃分离器、无锂枝晶阳极、热稳定阴极等）和控制升温（使用相变材料、优化电池结构、采用风冷和液冷技术等）。然而，由于使用不当和滥用，电池热失控仍然经常发生，甚至导致火灾和爆炸，造成人员伤亡和财产损失。因此，早期预警热失控的发生，防止严重危害成为急需解决的关键问题，这意味着必须对热失控实施早期预警和高效的消防预防措施。

锂离子电池的热失控通常由三种滥用模式（机械滥用、电滥用和热滥用）引起，由于滥用，电池内部发生短路，电压和阻抗发生明显变化。电池内部材料发生放热反应，产生大量热量，电池温度迅速上升，代表性气体（如 $CO_2$、$H_2$、$CO$、$CH_4$）被释放，电池膨胀。当内部压力超过安全阀所能承受的压力时，安全阀发生裂纹，气体和活性物质颗粒喷出并释放。因此，可以根据锂离子电池热失控的特点，开发基于"热、电、气、力、声"等方面的多参数安全预警，开发高效、清洁的消防技术。热失控前动态监测，热失控后高效灭火，主动预防与消除相结合，是减少电池事故和财产损失的有效手段。系统地了解电池热失控的特性，可以更好地指导热失控预警的实现。

# 3.1 温度信号预警

温度是判断电池是否发生热失控并判断热失控发生程度的重要参数。电池管理系统监控温度，并在温度超过临界温度时发出预警信息。目前用于锂电池测温的有热电偶、热阻、光纤传感器、阻抗测温、红外热像仪、液晶热像仪等。

## 3.1.1 表面温度

用于监测锂离子电池表面温度的常用温度传感器是热电偶、热敏电阻和电阻温度检测器，具有灵敏度高、体积小、响应时间快和成本低等特点。热敏电阻的电阻随温度的变化很快，由于其体积小，可以对温度的变化作出迅速的反应，因此，它经常被用来监测可移动设备的电池温度，如手机和计算机。此外，丰田普锐斯和本田思域混合动力车也使用热敏电阻来测量电池温度。尽管热敏电阻已被广泛使用，但用于科学目的的研究却很少。与热敏电阻相比，基于塞贝克效应的热电偶因其坚固耐用、成本低、体积小、测量范围广等优点在电池温度测量中得到了广泛的应用。热电偶测量已正式应用于加速量热计的热行为研究、热失控温度监测、光纤测温比较和热模型验证。然而，热敏电阻和热电偶存在精度低、易受干扰等缺点。此外，在典型的包含数千个单体锂离子电池的大型锂电池组中，单点测量技术不足以反馈准确的电池温度分布，动力电池组中需要大量的温度传感器反馈每个单体电池的信息才能有效避免热失控的发生。

此外，热成像和液晶热成像也能很好地表征锂离子电池的表面温度分布。红外热像仪可以探测热辐射并将其处理成热图像或视频，可以清晰地看到物体表面的温度分布。与红外热像仪一样，热致变色液晶也可以测量表面温度，其颜色随温度变化。这两种技术虽然在温度信息采集方面精度高、效果好，但成本过高，主要用于实验室，不适合实际商业应用。

除热电偶之外，使用光纤传感器测量电池温度的前景非常广阔。与热电偶和热敏电阻相比，光纤传感器通常重量轻，具有较小的物理尺寸，能够承受高温下的恶劣环境，并提供更有效的带宽，这对于查询电池组中的温度传感网络非常有用。Nascimento 等[1]利用光纤光栅光学传感器和 k 型热电偶，监测了可充电锂电池在不同恒流充放电倍率（0.53 C、2.67 C 和 8.25 C）下的三个不同位置（电池顶部、中部和底部）的实时表面温度的变化，如图 3-1 所示。结果表明，与热电偶相比，光纤传感器具有更高的分辨率。此外，光纤传感器可以在一根光纤上提供多个监测点，从而以最小的布线要求和高测点密度实施预警，适用于大型的多点测量电池组。

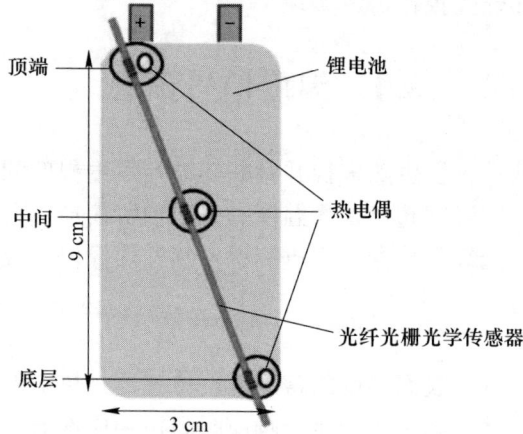

图 3-1　可充电锂离子电池表面温度测试装置示意图[1]

Yu 等[2]提出了一种分布式光纤传感器用于测量电池的表面温差和电池最热区域的移动情况。结果表明，其最大表面温差比传统热电偶测量值大 307%。光纤传感器具有良好的时空分辨率，满足先进智能电池安全可靠运行、实时状态估计和预测的要求。值得注意的是，当锂离子电池热失控时，锂离子电池会随着内部气体的产生和释放而膨胀和收缩。由于光纤传感器附着在电池表面，电池的膨胀和收缩会产生应变，导致传感器测量的温度出现误差。Alcock 等[3]提出了一种简便易行的在锂离子电池表面埋设光纤传感器进行原位热监测的方法，通过用黏合剂将光纤传感器黏接在电池表面，成功消除了电池膨胀引起的光纤传感器纵向应变的影响。当直接将这种安装技术与热电偶进行比较时，测量精度从 ±4.25 ℃提高到±2.06 ℃。

上述研究大多集中在利用光纤测量单个电池的表面温度，然而，在实际应用中，我们更应该关注电池组的温度测量。Peng 等[4]通过在电池外电极上佩戴光纤布拉格光栅，实现了对多个电池的分布式温度测量，该装置易于组装，对电路连接无干扰。Yang 等[5]利用光频域反射的分布式测温技术来测量多个电池的表面温度，采用一根细光纤作为传感器，可以测量光纤上所有点的温度。未来，汽车、飞机和电网规模的储能系统将以模块或电池组的形式出现，单个电池的温度监测和相邻电池之间电池的温差监测至关重要。

## 3.1.2　内部温度

对于全封闭的锂电池，特别是在快速充放电等极端情况下，由于热传导的作用，电池的内外温度差别很大，仅通过外部温度来判断锂电池的状态是极其危险的。Grandjean 等[6]对高放电率的锂离子电池进行了模拟，发现电池内部温度与外部温度之差达到 20 ℃。Srinivasan 等[7]通过将相移监测器集成到电池管理系统中，观察到电池内部热过程开始到转移到表面之间有数十秒的时间延迟。内部和外部温度的过大差异及温度传播的延迟可能导致早期预警、冷却和灭火等安全措施的滞后。因此，应以内部温度代替外部温度作为电池热失控的预警信号。

内部温度监测是通过将传感器嵌入正、负极板之间来实现的。到目前为止，商用锂离子电池的内部热信息测量已经成功进行。在顶盖与钢架之间的位置进行切割，将传感器放入胶辊中，并通过电缆制作信号发射器。然而，由于电池恶劣的电化学环境、特殊的封装结构及电池固有的电磁屏蔽问题，这种方法测量的电池内部温度信息并不准确。为了使锂离子电池正常工作，要求传感器不参与电池中的电解液反应，对电池内部的离子流动影响小。目前，监测电池内部温度的主要方法是植入温度传感器，如热敏电阻、光纤和多功能薄膜传感器。

热敏电阻、电阻温度检测器和商用微热电偶由于具有成本低、体积小、测温范围宽等优点，被广泛用于电池内部温度的测量。然而，这些解决方案必须制造专门设计的电池或修改现有的商业电池，例如钻孔，这会导致成本增加，并且不适合实际使用电池。此外，为了不影响电池的正常工作，这些长期工作在电池内部的温度传感器必须是稳定且不参与锂离子电池内部化学反应的。

薄膜传感器具有良好的化学稳定性和热稳定性，已成为内部温度测量的首选。Lee 等[8]开发了一种基于柔性薄膜的电阻温度检测器，在后续研究中，他们在同一个传感器上增加了电压和电流探头，使其成为三合一传感器。结果表明，该传感器的温度测量精度小于 0.5 ℃，响应时间小于 1 ms[9]。但由于具有柔性，且电阻温度检测器的电阻值与温度张力有关，因此电偶效应会影响测量精度。

目前，使温度传感器与方形电池的装配工艺相兼容是较好的选择。Pan 等[10]提出了一种基于柔性薄膜传感技术的电池温度监测方法，将薄膜传感器转移到电池集流器上，然后嵌入锂电池中进行现场温度监测。薄膜传感器虽然具有良好的原位测温效果，但将薄膜传感器连接到电极上会产生电镀等电化学问题。Zhu 等[11]提出了一种新的锂离子电池多点嵌入测温法，利用正极和负极之间的离子流原理，用 n-甲基吡咯烷酮溶剂在正极上去除小面积的活性物质。薄膜传感器的整体厚度小于活性材料的厚度，使去除的区域能够在厚度方向上包含传感器，如图 3-2 所示，将带有 7 个测点的薄膜传感器附着在移除的区域上，这种结构可以减弱传感器对活性材料容量损失和损坏的影响。结果表明，在长期循环实验中，插入传感器对电池性能影响不大。对比第一次循环和第 100 次循环的内部温度，薄膜传感器可以在电池恶劣环境下稳定长时间工作。此外，植入步骤可以很容易地集成到任何标准柔性电池的组装过程中，并且放置在柔性电池上的薄膜热电偶传感器成功捕获了高充放电倍率下内部瞬态温度的变化。随着导电性好、比表面积高、力学性能优异的柔性传感器的出现，通过内置传感器实现多参数实时监测成为可能，并且通过与电池装配工艺的兼容，电池管理系统的可靠性得到了很大的提升，而成本的增加很小。

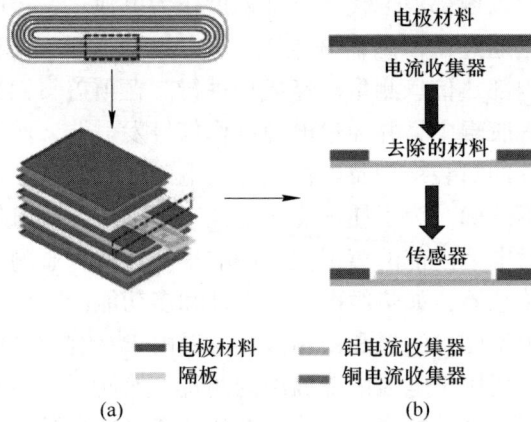

图 3-2　薄膜传感器置入电池中的过程
（a）在方形电池中插入薄膜传感器；（b）移除一小块活性材料，将传感器附着在小块区域上

与表面温度测量一样，光纤内部温度测量也受到了研究人员的广泛关注。目前，已经开发了许多用于电池温度测量的光纤传感器。Raghavan 等[12]将光纤布拉格光栅传感器嵌入电池中，以准确监测电池的内部状态。扫描电镜横截面图显示，电池密封良好，无空洞。研究表明，将二次传感器集成到现有电池模块中的成本与传统体系相同，并且光纤布拉格光栅传感器测量的电池电荷状态误差小于2.5%。Parhizi 等[13]利用光纤布拉格光栅和空腔传感器组成的网络，实时、现场和多点监测智能手机锂离子电池的温度分布。结果表明，光纤传感器能够实时监测锂离子电池的温度，具有较好的温度分辨率和灵敏度。然而，上述两种传感器容易受到其他无关参数的干扰。相比采用这两种传感器，荧光光纤传感器可以工作在高电压、强磁场等场合，并且具有更好的稳定性。Li 等[14]利用新型纳米颗粒制备的光纤温度传感器，研究了 20~100 ℃范围内的温度传感特性，提高了温度监测精度。

### 3.1.3　温度预测

温度、电压等参数是影响电池容量损耗、安全性和性能的关键因素，是电池管理系统监控的主要指标。虽然已经开发了多种成熟、可靠、高效的预警方法，但由于空间、成本等，在实际应用中存在诸多局限性。以特斯拉 Model S 电动汽车为例，其电池面板由 16 个串联的电池组组成，每个电池组由 444 个锂离子电池组成，总计 7104 个 18650 锂离子电池。如果要准确获取每个 18650 锂离子电池的状态，那么大量的传感器将增加重量、成本、空间占用和布线复杂性。其结果是，虽然电动汽车的安全性有所提高，但续航里程明显降低，不符合实际需求。另一个研究趋势是通过估计电池的温度分布、电压变化或其他数据来预测电池失效，以避免电池的热失控。

如前所述，电池内部温度可以更准确地反映电池状态，而在电动汽车实际运行过程中，由于成本和工艺的限制，很难对每个电池的内部温度进行监测，因此使用电池表面温度和电化学模型来预测内部温度是最常用的商业方法。Zhang 等[15]仅使用测量的电池表面温度数据，提出了一种基于一维半线性抛物型偏微分方程模型的圆柱形电池内部温度估算方法。通过对实际电流的仿真研究，验证了该方法在商用圆柱锂离子电池上的可靠性。值得一提的是，通常用于跟踪和预测内部状态的卡尔曼滤波也被广泛用于基于模型的电池内部温度预测，以提升准确性。Xie 等[16]将一维热模型与双卡尔曼滤波相结合，提出了一种估算锂离子电池内部温度的新方法，该方法结合内阻识别和电池电荷状态估算，提升了温度估算的准确性。Wang 等[17]将单粒子模型与双卡尔曼滤波相结合，利用现有的板载电流和电压传感器预测电池内部温度。虽然基于模型的温度预测可以准确地预测电池内部温度，但它们通常需要大量的电池信息。需要注意的是，电池内部电阻随电池充电状态、健康状态和温度而变化。此外，如何准确地模拟阳极、隔膜、阴极、集流通和电解质之间的相互作用也面临着严峻的挑战。

电池阻抗随着电池温度的升高显著降低，根据这一特点，利用电化学阻抗谱确定单频率或宽频率范围内的阻抗来估计电池内部温度的方法也引起了研究者的关注。使用电化学阻抗谱估计电池内部温度的最重要特征是"无传感器"，与基于模型的温度估计方法相比，消除了传热延迟的问题。早在 2011 年，Srinivasan 等[18]就提出了 40~100 Hz 内的频率相移主要取决于温度变化，几乎完全与充电状态无关，并以此对电池内部温度进行了估计。目前，已有的研究已经证实了单个频率或频率范围与电池内部温度之间的关系[19]，然而，电化学阻抗谱所需的励磁硬件会导致额外的重量和成本。此外，一些使用电化学阻抗谱估计电池内部温度的方法没有考虑电池老化的影响。Ludwig 等[20]研究了锂沉积老化机制对电池内部温度估计的影响，并给出了足够的补偿以保证温度估计的准确性，然而，对其他类型的老化的适用性仍有待证实。类似地，Strobel 等[21]提出了一种新的无传感器温度预测方法，使用电化学阻抗谱作为神经网络的输入数据。通过对多种商用电池的验证，所得温度的均方根误差均在 1 K 左右，确定了实际应用价值。与其他方法相比，人工神经网络不需要处理时间序列数据，只需要时间序列数据的电化学阻抗谱就可以估计电池温度，大大简化了计算量、缩短了时间。

# 3.2　电信号预警

在热失控或短路的早期阶段，锂离子电池的电特性发生了显著变化。在电特性方面，短路引起的自放电会导致电池能量的异常损耗，从而导致电压、阻抗、电流等参数的变化。目前大量的研究集中在电特性的变化上，用于热失控的早期预警。

## 3.2.1　电压

### 3.2.1.1　电压的测量

目前，电池管理系统主要依靠端电压和表面温度的测量来监测热失控。由于故障的相似性（如传感器故障和电池故障）和隐蔽性（如内部短路和连接故障），早期电池管理系统只能诊断出简单电池故障，如过充电、过放电、过热等。后来，为了提高精度，终端电压的监测变成了通过冗余电池电压传感器拓扑来测量。虽然这种方法提供了良好的准确性和冗余性，但它相应地使所需的传感器数量、布线、空间占用和成本增加了一倍。有研究提出了一种非冗余交叉式测量拓扑[22]，如图 3-3 所示。电压传感器交叉连接，串联的传感器数量与电池数量相

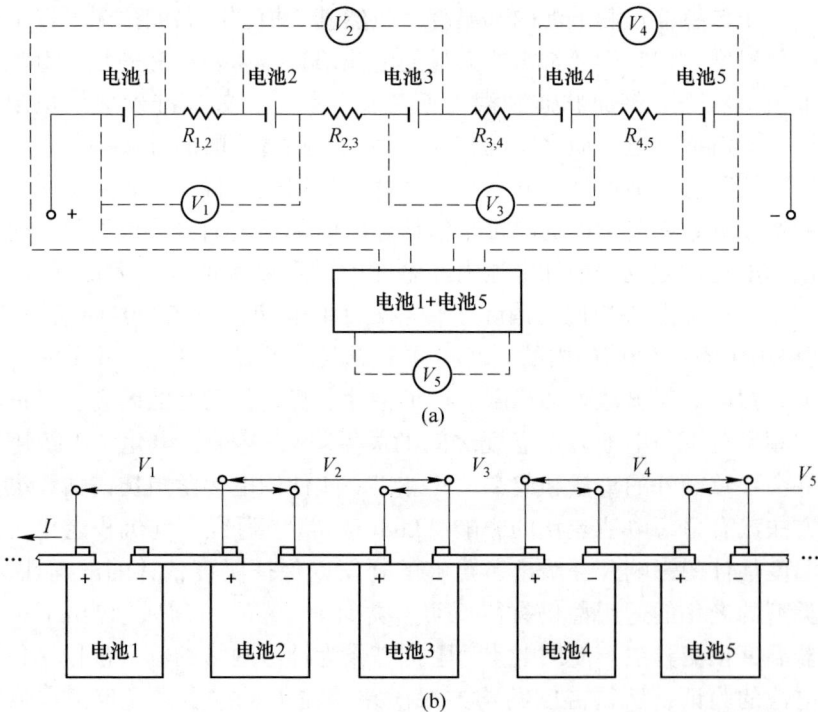

图 3-3　非冗余交叉式测量拓扑

（a）电路原理图；（b）物理连接图

同，由于电压传感器直接连接到电极上，因此排除了连接线之间电阻的干扰。这种测量拓扑在保证精度的基础上基本不增加系统的硬件和复杂性。

Lamb 等[23] 对 18650 锂离子电池圆柱形电芯进行击穿试验，探究电池组电压与电池热失控之间的关系，击穿试验中电池组电压没有规律可循。对于不同的热失控触发方式，电压下降的过程是不同的：对于机械滥用，如针刺，电压会直接下降到 0 V；过充时，电压持续降低，直至降至 0 V；而过放电则使电压逐渐降至 0 V；过热时，电压随着热失控过程逐渐降至 0 V。电压下降过程是电池热失控的一个共同特征，但其规律性较差，在电压发生显著变化之前热失控就已经发生了。考虑到热失控过程中电压响应不及时、规律性较差，使用压降信号作为热失控预警信号需要结合其他特征参数进行综合判断。

### 3.2.1.2 电压的异常

由于较小的放热功率，电池不会产生显著的温度变化，在触发热失控的故障的早期阶段，如短路电流、电气特性更适合作为早期预警信号。而对于快速检测漏电电流或短路电流，检测电压异常可以防止故障演变为热失控。现有的基于电压变化的电池故障诊断方法大致分为阈值法、经验法、模型法和数据驱动法四类。

Duan 等[24] 通过设定一定的阈值来评估电池不一致性，该方法主要用于电池过压和欠压的故障诊断。遗憾的是，由于电池在应用中工作的复杂环境，很难设置合适的阈值，缺乏对阈值设置的研究和讨论。因此，设置自适应阈值更符合电池的实际工作情况，能解决老化等问题对阈值的影响。相比之下，Zhang 等[25] 提出了基于电池系统建立的故障树对电池的故障状态进行诊断。但是，对于未知的故障数据，无法进行准确的故障诊断和隔离。基于模型的故障诊断方法可以更全面地了解电池电压在故障状态下的演变，实现早期预警。Qi 等[26] 建立了描述过充电过程中锂离子电池电压和温度变化的数学模型。Chen 等[27] 通过等效电路模型中的电压和局部异常因素实现故障检测。

近年来，数据驱动的故障诊断方法由于不需要精确的电池模型而受到研究人员的青睐。Kang 等[28] 提出了一种基于串联电池组交错电压测量拓扑方法的多故障诊断方法。然而，基于数据驱动的故障诊断方法需要大量的数据进行训练，以提高准确率，并且大多数论文的数据来自实验室。遗憾的是，实验室电池组的运行环境与实际运行环境存在较大差异，因此这些数据集鲁棒性较差，难以在实际电动汽车、电动飞机等大型设备运行中得到验证。为了提升数据驱动故障诊断方法的准确性，研究人员开始提出一些基于实际运行过程中可测量数据的数据驱动故障诊断方法。Gan 等[29] 提出了一种结合高精度实验室数据和真实电动汽车数据的过放电故障诊断方法。他们选取放电过程中对电压有影响的特征作为特征参数，设置实时电压与预测电压的剩余差值作为诊断阈值，成功区分了不同的过放电水平。Liu 等[30]提出了一种利用熵理论对电动汽车实际运行过程中电压异常单元进行识别定位的电压故障诊断方法。然而，以上这些方法只适用于特定的车辆，并不能推广到所有大型电动设备的故障排除。

随着人工智能在各个领域的推广和发展，许多研究者开始关注电池故障诊断，通过大量的电池训练样本揭示电池故障的潜在机制。Zhao 等[31]将精确的锂离子电池模型与递归神经网络相结合，提出了一种准确度更高的诊断新方法。同样，Li 等[32]将长、短记忆递归神经网络与等效电路模型相结合，提出了一种新的电池故障诊断方法，该方法通过改进的自适应提升方法和预判定模型，提高了诊断精度，缩短了响应时间，并使用了中国国家新能源汽车监测管理中心的大量数据进行验证。通常，这些将真实数据与深度学习相结合的故障诊断方法具有较高的检测精度和鲁棒性，但相应的计算成本较高。

### 3.2.2　电流

众所周知，当故障电池处于并联电池组中时，故障电压信号受到抑制，并联电池组的短路电流识别难度加大。Zhang 等[33]提出了一种基于环对称的电路拓扑，当电池短路时，分支电路中串联的电流计记录正常电池和短路电池的充电电流，从而识别正在短路的电池。该方法在早期识别短路电流电池方面具有良好的有效性和效率，大大缩短了检测时间，对预警和故障排除具有重要意义。遗憾的是，由于特殊的结构设计，该方法在实际应用中成本过高。

### 3.2.3　容量

Kong 等[34]提出了一种基于小间隔内剩余充电容量变化监测微短路的诊断方法。剩余充电容量等于电池容量与模块充满电时的电量之差。对于普通电池，剩余充电容量是恒定的，然而，当短路发生时，由于内部放电，剩余充电容量在充放电周期中增加。该方法基于剩余充电容量的这一特性，以第一个充满电的电池的充电电压曲线为基准，在均匀充电电压假设的基础上，通过充电电压曲线变换得到每个电池的充电电压曲线；通过统计每次充电后剩余充电容量的增加值，可以算出电池的漏电电流值和电阻值。该方法诊断微短路所需的参数为电池管理系统的测量值，所需的数据量和计算量小，因此可以在不增加硬件成本的情况下实现电池管理系统的定量诊断。此外，根据由此产生的电池管理系统电流和电阻，可以在短路早期采取预警和相应的安全措施。这种诊断方法只适用于多级充电和恒功率充电等充电情况，此外，电池管理系统的功率再分配和电池的老化会导致剩余充电容量测量误差，影响检测的准确性。总之，这种简单有效的方法可以检测到电池的早期异常，而不需要额外的测试设备，也不需要大量的计算。

### 3.2.4 阻抗

阻抗是锂电池的一个非常重要的参数，它会随着充电和放电状态、工作环境温度等条件的变化而变化，通常用于电池寿命评估、健康状态评估和性能测试，也是检测电池是否存在异常的重要参数。通常在正常工作温度范围内，电池的阻抗随温度的升高而降低，但当超出正常工作范围甚至发生热失控时，电池的阻抗明显增加。

Srinivasan 等[18]提出了一种基于阻抗相位快速监测锂离子电池热失控的预警方法，电流值设为 100~200 mA，阻抗测量频率设为 0.8~1.0 kHz，如图 3-4 所示，内部阻抗分为两部分，可以看出电池热失控初期温度变化缓慢，但阻抗相位角会出现异常。因此，认为内部阻抗的监测可以有效地实现热失控预警。

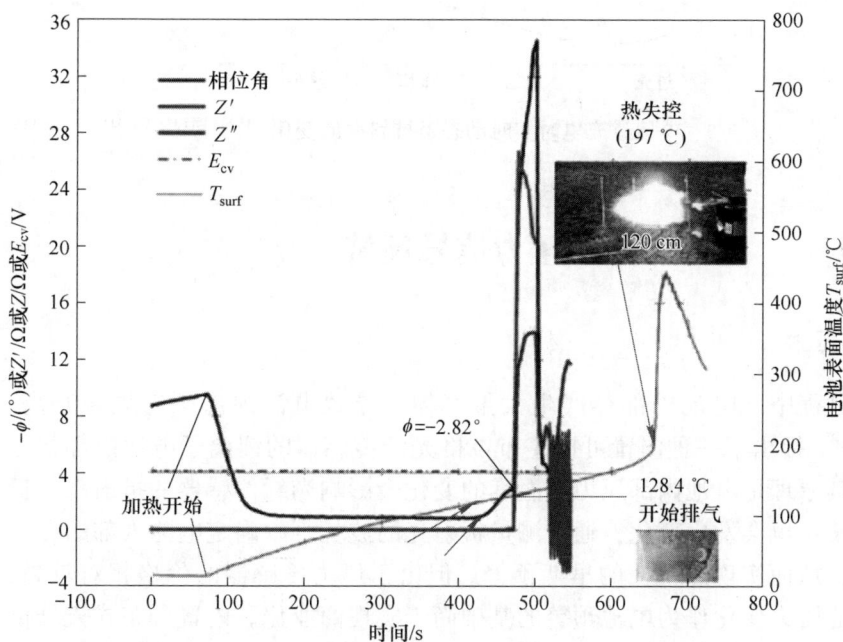

图 3-4 彩图

图 3-4 热失控事件前和热失控事件中相位角的变化特征

Dong 等[35]利用电化学阻抗谱对电池温度和变形的敏感性，提出了一种两阶段、三指标的热失控预警方法。第一阶段依靠电化学阻抗谱中频对升温的敏感性作为安全问题的早期指标，第二阶段依靠电池在高低频变形引起的电化学阻抗谱突然变化作为热失控发生温度的指标。但考虑到电池阻抗的突然变化并不一定是由电池热失控引起的，电池的阻抗也可能由于外界干扰而发生变化，因此不适合将电池的阻抗作为确定电池热失控的唯一因素。此外，阻抗容易受到温度、充放电状态、电池寿命状态、健康状态和工作条件的影响，在具体应用中，还应考虑其他因素对阻抗的影响。考虑到电动汽车应用条件的可变性，如果不能消除这些影响，这些基于阻抗的预警方法的可行性也会受到影响。值得注意的是，松下最近开发了一款电化学阻抗芯片及用于电池应用的芯片和电化学阻抗器件，它们能够在宽频率范围内创建和测量激励信号，并精确测量阻抗数据。

Lyu 等[36]研究发现，当48 A·h磷酸铁锂电池开始过充电时，实时动态阻抗在30~90 Hz 范围内有一个由负向正的斜率，如图3-5 所示。

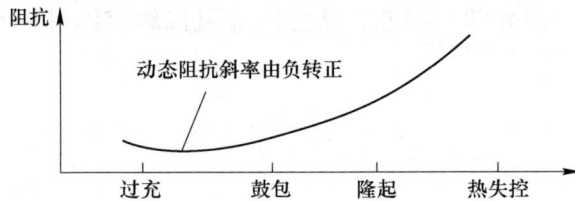

图3-5　电池过充电时实时动态阻抗斜率的变化[36]

## 3.3　压力信号预警

### 3.3.1　内部压力

热失控过程中，电池内部会产生大量气体，导致电池内部压力显著升高。Raghavan 等[37]提出了一种内置可折叠布拉格光纤传感器的锂离子电池内部状态监测方案，其原理是电池内部压力或温度的变化会影响光纤传感器的折射率，折射光的相应波长也会发生变化，通过测量折射光的波长可以确定电池内部的压力和温度变化，从而实现热失控的早期预警。但由于压力传感器的价格相对较高，因此监测电池压力变化作为电池预警的基础尚未实现商业化。内置分布式光纤传感器是实现电池内部环境监测的重要方式，但降低成本并将该技术结合到电池生产组装过程中仍然是一个重大挑战。

Chen 等[38]设计了18650 锂电池在半封闭空间的热失控冲击压力实验装置（见图3-6）。结果表明，超压释放是一个强烈的冲击过程，虽然安全阀开启的冲击压力范围小且较短，但常规压力传感器可以检测到该信号，可采取进一步措施防止电池热失控。安全阀开启与猛烈喷射的间隔时间约为384 s，为应对措施提供了充足的时间。在剧烈喷射阶段，热失控超压更为明显。

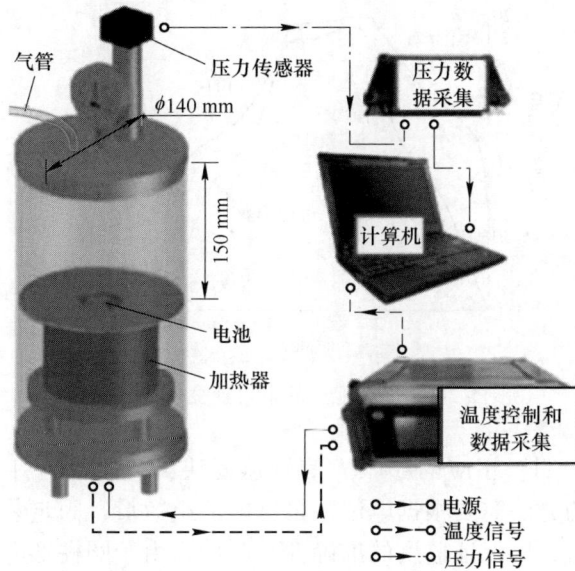

图 3-6 热失控冲击压力实验装置[38]

## 3.3.2 膨胀力

电池热失控内部副反应产生的气体不仅会增加内部压力，还会导致电池外壳明显变形，尤其是软包电池。锂离子电池的变形有两个原因：（1）可逆变形，即锂离子电池材料的电化学与力学耦合，主要体现在石墨、硅等常用电极材料及其复合电极随着锂浓度的增加而膨胀；（2）不可逆变形，即电池在热失控过程中，内部会发生一系列的副反应，有些副反应会产生气体，使电池膨胀。根据电池的充放电原理，锂电池在充电过程中，由于锂离子在正负极之间的运动，使负极中石墨晶格之间的距离增大，晶格之间的内应力增大。因此，负极在这个过程中膨胀，导致锂电池的胀形，如图 3-7 所示。在放电过程中，负极中的锂离子开始解离回正极，恢复锂电池的原始形状。

锂电池在正常充放电过程中，由于电极的脱锂和插锂现象，电极的内应力会发生变化，电极会产生可逆变形。电池的膨胀力可以用来表征其内部电化学机理，并应用于热管理系统。Cai 等[40]研究了短路条件下电池的膨胀力，建立了热失控早期副反应的气体模型，可以准确地捕捉到热失控早期电池的膨胀力，与电压和温度相比，早期使用膨胀力进行热失控预警更具有可行性。Cai 等[41]进一步提出了通过测量电池的膨胀力来检测电池组内部短路的模型。在电池组的实际应用中，与电压相比，即使电池采用串并联连接，其膨胀应力也会以串联拓扑的形式传递到夹具上，具有更好的鲁棒性。Koch 等[42]比较了热失控过程中各种传感

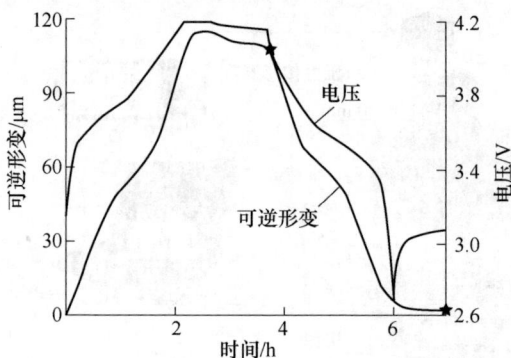

图 3-7　锂电池充放电可逆变形图[39]

器的检测，结果表明，相应的膨胀力信号速度快，监测可行性高，但信号不清晰。膨胀力监测的方法需要根据电池数量、电池组数量、固定装置及传感器的封装位置来标定阈值，以保证监测的准确性。此外，由于圆柱形电池的夹钳通常位于电池的顶部和底部，而热失控电池的膨胀力信号最容易在电池的侧面检测到，因此膨胀力监测不适用于圆柱形电池。

# 3.4　气体信号预警

## 3.4.1　排气声

锂离子电池发生热失控时，内部化学物质相互反应产生气体，使电池内部压力超过电池顶部安全阀的设计压力，安全阀打开，电池内部气体释放到周围环境中，这个过程将产生一个声信号。Su 等[43]首次提出将锂离子电池的热失控声信号应用于储能电站的安全监测，通过对 LiFePO$_4$ 电池模块（25.6 V/2752 A·h，由 32 个单体电芯组成）热失控实验结果的分析表明：与电压和表面温度报警相比，该系统的排气声信号对热失控具有较高的灵敏度，可以提前 1061 s 报警。实验证明了将排气声信号作为热失控预警信号的可行性。对电池储能系统内的声音信号进行去噪和声音特征提取后，使用量化模型对排气声进行识别，准确率为 92.31%。该团队在最新的研究中提出了一种基于声信号的电池故障报警和定位方法[44]，该方法通过安装在储能室中的 4 个声传感器捕获故障电池的通风声信号，获得故障电池的位置，最大误差仅为 0.1 m。

在电池热失控的情况下，安全阀的开启也会发出声音。Su 等[45]构建了一个识别器来识别电池安全阀开启的声信号，采集并利用声信号对储能系统的热失控进行预警，如图 3-8 所示。Lyu 等[46]提出了一种基于声信号的电池故障预警定位方法，在储能系统内设置声学传感器，采集电池热失控阀开度的声学信号，通过到达时间、到达时间差和接收信号强度对电池热失控位置进行定位，最大定位误差仅为 0.1 m。声音的传播速度为 340 m/s，因此更容易通过声信号实现对电池热失控的预警，并且声信号传感器价格便宜，应用范围广。然而，在实际应用中往往存在噪声，噪声会干扰声信号，导致预警技术精度低，目前还缺乏研究来确定该方法在其他领域的可行性。例如，电动汽车的声环境将比储能站更加复杂，并且会有更多的干扰噪声，这将对声音识别提出更高的要求。此外，声音传感器必须靠近电池，这需要改变现有的电池组设计。

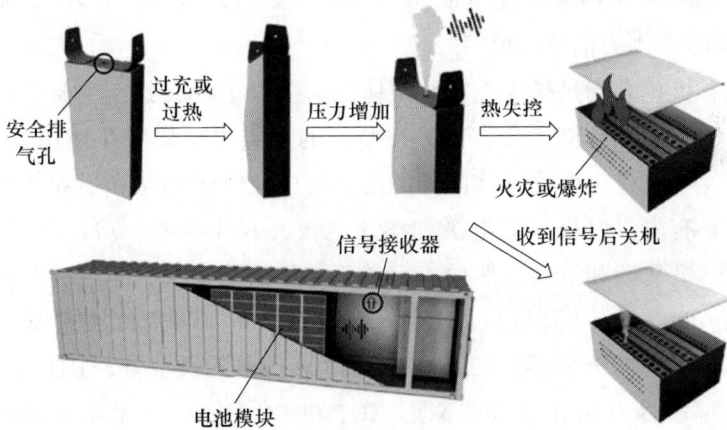

图 3-8　警告热失控的声音信号[46]

## 3.4.2　气体释放

早在 2013 年，Zheng 等[47]就探讨了锂离子电池故障气体预警的可行性，但当时由于锂离子电池尚未得到广泛推广，安全问题相对较少，这一诊断思路并未得到广泛关注。近年来，由于锂离子电池热失控事故频发，基于热失控气体释放的预警思路再次受到关注。目前，对锂离子电池的热失控的研究主要集中在内部化学反应产生的气体上，并在此基础上提出了基于气体特性的热失控预警机制。在研究中，锂离子电池在一个密闭空间中被触发热失控，从中收集和分析化学反应产生的气体的数量和成分，用于测定生成气体成分的气体分析仪包括气相色谱仪、傅里叶变换红外光谱仪和各种气体传感器。除在密闭空间内进行测试外，一些测量是在排气罩下进行的，然后从排气管道中提取和分析产生的气体。通过这些方法，可以通过相应的现场气体传感器确定气体组分的浓度，但难以量化总产气量。对电池喷出气体的检测分析结果表明：主要气体成分为 $H_2$、CO、$CO_2$ 和挥发性有机化合物，此外，在没有燃烧的情况下（例如在热失控之前的第一次排气和过度充电的滥用条件下)，电解质溶剂也被检测为排气气体的主要气体成分。

$CO_2$ 的产生与电池热失控过程中的剧烈氧化过程有关，是释放气体的主要成分之一，使用低成本的传感器可以实现精确监测。目前使用的 $CO_2$ 传感器主要有电化学传感器、半导体传感器、非色散红外传感器和化学传感器。Cai 等[48]发现监测 $CO_2$ 可以显著加快热失控检测速度，该团队随后提出了一个高温下 $CO_2$ 气体生成的模型，该模型可以根据电池内的气体压力预测放气的开始[49]。他们进一步使用非色散红外 $CO_2$ 传感器监测电池排气进行过充实验，最终确定 $CO_2$ 浓度为 $30000×10^{-6}$ 作为报警阈值[50]。

挥发性有机化合物是热失控释放气体的另一个主要成分，主要来自电解液的蒸发。目前，挥发性有机化合物热失控监测的重点主要集中在使用何种传感器。目前用于挥发性有机化合物气体监测的主要有电化学传感器和半导体传感器。电化学传感器具有测量电极、对电极和参比电极，其成本低、功耗低、结构紧凑、可同时监测一氧化碳和氢气，然而，它的年漂移高达 15%，不适合电池组中的长期气体监测。半导体传感器通过监测金属氧化物的电阻来检测挥发性有机化合物，最常见的半导体传感器是二氧化锡传感器。由于反应性范围广，$SnO_2$ 半导体传感器对挥发性有机化合物、NO、$NO_2$ 和 CO 敏感，但存在误报警的风险。Kaur 等[51]采用导电聚合物作为气敏材料用于检测电池排气过程中释放的挥发性有机化合物，通过检测排放的挥发性有机化合物，准确、可靠地产生预警，提升了电池的安全性。

目前，利用特征气体进行热失控预警的难点主要集中在传感器的选择上。适用于商用电池热失控监测和预警的气体传感器需要在高温、腐蚀性环境中保持稳定，合理的价格、传感器中毒的可能性小、传感器漂移小、体积小、功耗低同样是理想的传感器所需要的。Liao 等[52]利用悬臂增强型光声光谱仪构建了电池热失控预警装置，如图 3-9 所示，红外光束经滤光片和机械斩波器处理后形成窄带红外光束，发射到光声池中。同时，锂离子电池排出的特征气体通过颗粒过滤器进入光声池，吸收窄带红外光束的能量，产生周期振动和光声效应，使悬臂变形，得到相应的电压信号。

Jin 等[53]开发了一种基于捕获 $H_2$ 的灵敏热失控监测预警方法，可以在微米尺度（约 50 μm）上检测到负极上锂枝晶的形成，如图 3-10 所示，过充过程中，锂枝晶在负极处不断生长，并与聚偏氟乙烯黏结剂反应生成 $H_2$，$H_2$ 通过安全阀释放，在冒烟前 435 s 和着火 580 s 被捕获，更早地发现电池热失控，能为应对

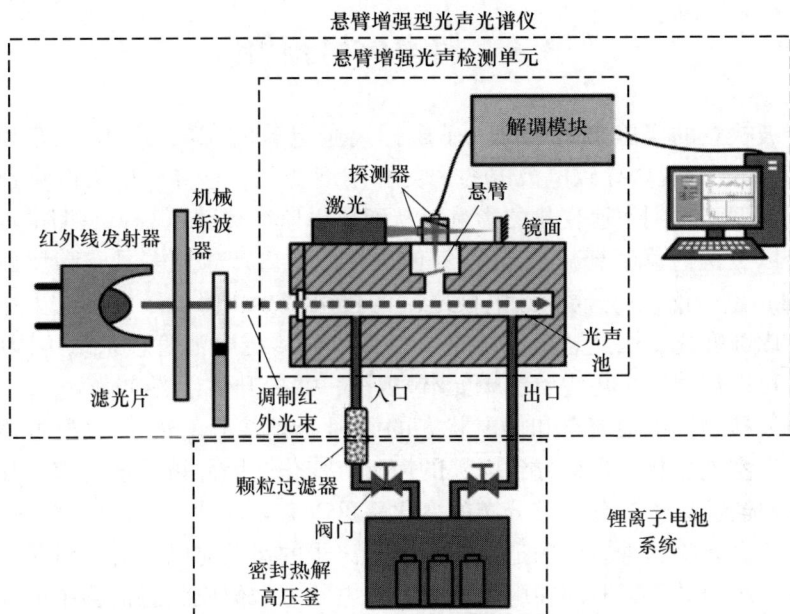

图 3-9  悬臂增强型光声光谱仪电池热失控报警系统[52]

热失控事件提供更多的宝贵时间。因此，在电池组附近配置气体传感器是监测电池热失控预警的有效手段。

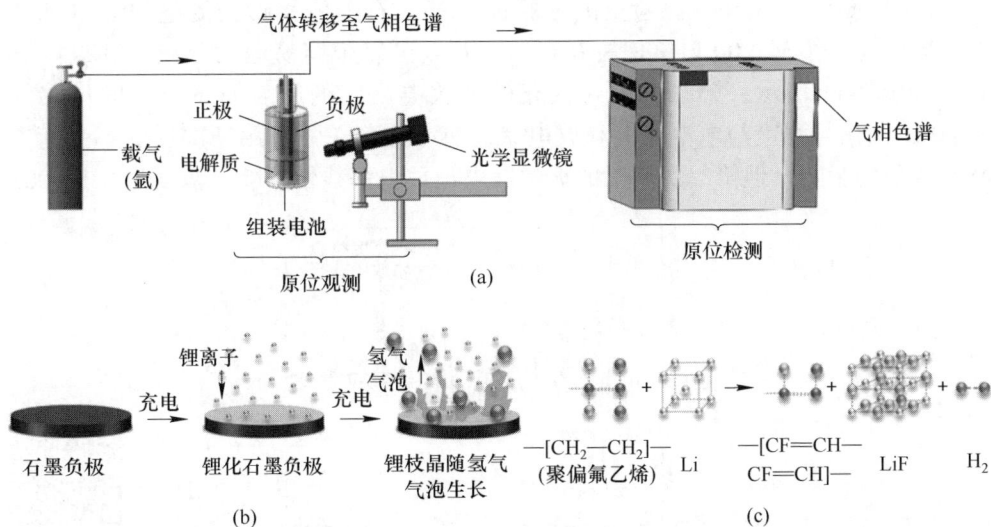

图 3-10  基于捕获 $H_2$ 的灵敏型热失控监测和报警系统[53]

（a）锂枝晶生长的监测和 $H_2$ 捕获系统；（b） $H_2$ 的生成机制；（c）锂枝晶与黏合剂的反应过程

# 3.5　超声信号预警

　　超声波检查的实施是为了深入了解锂离子电池的充电、放电状态和健康状态。由于锂嵌入/脱嵌导致电极内的密度和刚度变化，这导致电极的声速发生变化，飞行速度将受到声速变化的影响，从而可以监测短路电流。在旧电池中，超声波也会以更快的速度衰减：（1）气体会在电池内产生更多具有高反射系数的界面；（2）电极褶皱/分层导致电极之间的接触减少，降低了波的透射率。基于单元格的内部变化，因此超声波检查可以提供与传统电池管理系统不同的视角，这些方法可以创建一个更完整的单元/包视图，并提升估计的准确性。

　　超声波检测锂电池充电和放电状态的原理：锂离子在充电/放电过程中的运动导致电极密度变化，进而导致电极的声阻抗变化，因此被反射的信号比例会发生变化。检测锂离子的分布及分布的变化率可以有效评估电池健康状态。电池的化学性质不会影响这种方法的适应性，因为离子的运动对电池的运行是不可或缺的。第一篇超声波飞行时间在电池充电、放电状态和健康状态监测中的应用的论文由 Hsieh 等于 2015 年撰写[54]，在论文中，两个 2.25 MHz 传感器被放置在一个通脉冲设置，电池为 $LiCoO_2$/石墨柱状方形电池，与此同时，脉冲传感器在脉冲回声设置中监听响应。结果表明，在充电过程中，超声波飞行时间峰向低值偏移，信号强度增大；放电的情况正好相反，超声波飞行时间位移将趋向于更高的值，信号强度将降低。

　　Gold 等[55]使用超声波检查测试验证了基于石墨体积膨胀的电池充电和放电状态测定。发现 200 kHz 是最有利的，并且可以很容易地区分充电和放电状态，如图 3-11 所示，第二次反射在充电和放电之间的超声波飞行时间位移约为 30 μs。信号强度与电池充电和放电状态有一定的关系，第一次反射不受荷电状态变化的影响，但第二次反射的振幅随电池放电呈线性下降，幅度为（14.08±

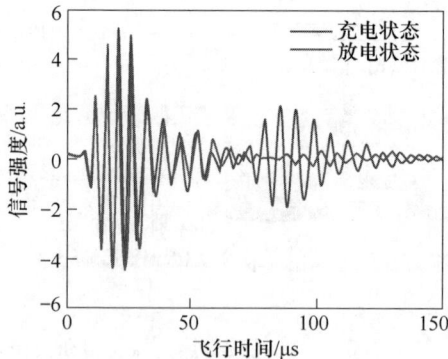

图 3-11 彩图

图 3-11　200 kHz 脉冲通过电池的信号[55]

0.61）%。作者得出结论，电池充电和放电状态可以在没有参比电极的情况下测定。因此，在实际用例中，可以使用直接超声波法估计锂离子电池的电池充电和放电状态。

从 Gold 的研究来看，在估计电池充电和放电状态时，超声波信号的依赖关系是未知的。为了解决这个问题，Popp 等[56]研究了倍率和温度对所测超声波飞行时间的影响。他们发现，倍率在超声波飞行时间测量中产生了不确定性，倍率越高，超声波飞行时间越长，局部极小值越不明显。这种行为可能受到电极中锂离子分布不均匀性的影响。较高的温度导致较高的超声波飞行时间，这是由于在较高温度下电池的刚度较低，从而减慢了波的传播速度。正如预期的那样，超声波飞行时间也随着电池充电和放电状态的变化而变化，在 25 ℃时，充电和放电之间的超声波飞行时间变化为 10 μs。

超声波传播有多种方式，其中一种类型是表面波或瑞利波，Ladpli 等对其进行了研究[57]。结果表明，该方法对电池健康状态和充电、放电状态的估算误差分别小于 0.05% 和 0.36%。表面波不同于其他超声波，它们穿过介质表面，而不是穿透介质，表面波的穿透取决于波长，因此降低了监测电池内部更深电极层变化的能力。纵波振幅和电池电荷状态之间也存在近似线性关系。Copley 等[58]研究了通过锂离子电池不同层的信号的质量，开发了一个模型来理解超声波信号的特征和性质，并通过 Hsieh 等的重复实验进行了验证[54]。该模型表明，电极性能（如密度和弹性模量）的微小变化可能对超声波信号产生显著影响。超声波飞行时间位移与电池的荷电状态有稳定的相关性，而振幅不稳定，如图 3-12 所示，在充电和放电状态下，超声波飞行时间的相关性是一致的，但是在两种状态下，超声波飞行时间的振幅是不同的。频率对信号可靠性有影响，如果波的穿透能力较弱，那么信号将被靠近传感器的层所控制并且容易受到温度偏差的影响。

当使用超声波飞行时间和信号幅度时，与钴酸锂电池相比，磷酸铁锂电池的充放电电荷状态估计误差较低。与使用电压测量相比，磷酸铁锂电池的误差为 6%，钴酸锂电池的误差为 3%。由于电池运行过程中阴极的机械性能会发生变化，阴极的弹性模量和密度会影响声速和信号的衰减，弹性模量的较小变化将导致声速的较小变化，从而导致可用于电池充电和放电状态估计的较小飞行时间差。因此，阴极化学组成对超声波监测的可靠性有影响。

Sood 等[59]在音调捕捉模式下使用两个 5 MHz 换能器并循环电池以研究电池退化的迹象。超声响应用于监测锂离子电池内的肿胀、电极膨胀、电极褶皱、分层和空洞。锂离子电池经过多次充电循环，检测到了信号的减弱。Ladpli 等[60]使用基于导波的超声波，利用黏结式压电换能器监测锂离子电池人工老化过程中超声波飞行时间的变化。研究结果表明：随着电池老化，超声波飞行时间会减

(a)

(b)

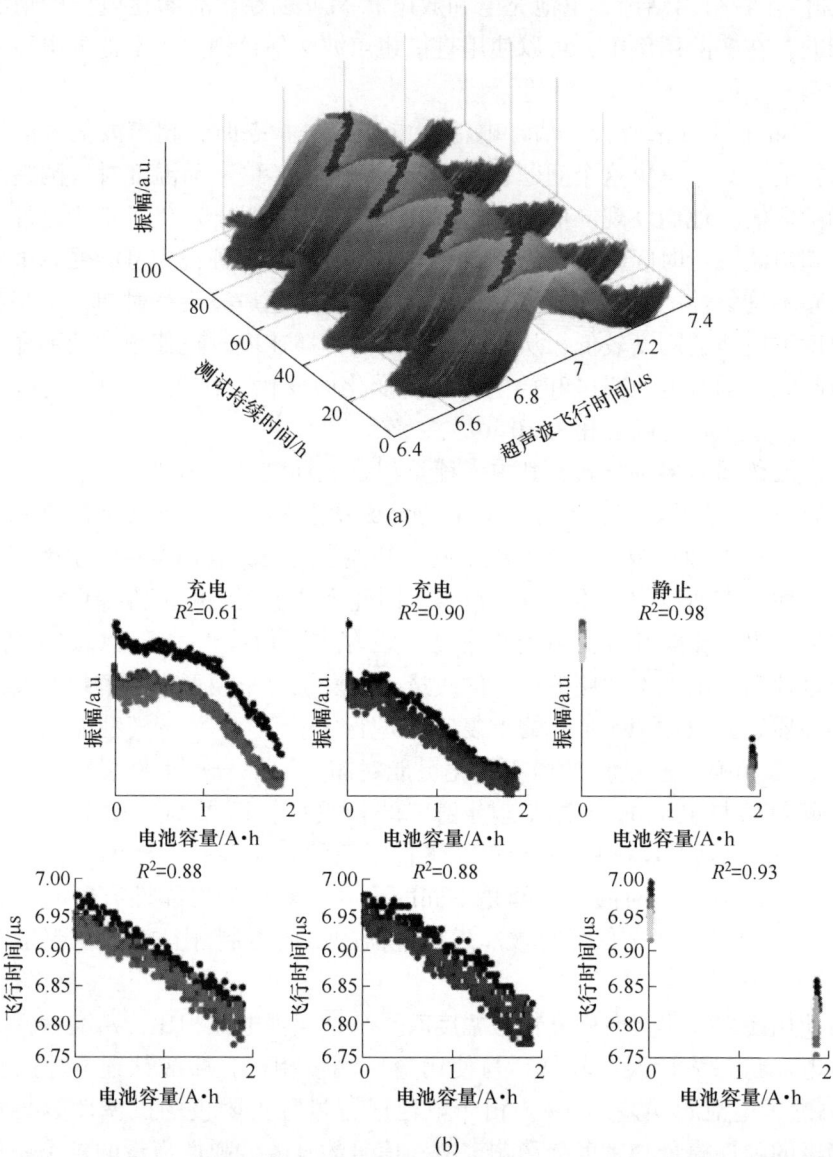

图 3-12　超声波飞行时间位移与电池的荷电状态的关系图[58]

（a）整个充电测试的峰值演变图形；（b）充电状态与振幅和飞行时间的相关性

少。但是，Wu 等[61]发现随着电池年龄的增长，增加的超声波飞行时间的偏差变得更加突出。超声波飞行时间增加的原因是电极密度变化，因为每个电极中的锂离子含量随着电池充电和放电而变化，经计算，斯皮尔曼系数大于 0.94，表明超声波飞行时间与电池健康状态高度相关。在过充电测试中，经过一段时间

（2.8 h）后，过充电引起了内部气体的产生从而导致电池膨胀，相应的超声波飞行时间急剧增加。

Oca 等[62]研究了锂离子电容器轻度过充和过放的滥用。电容器的额定电压为 2.2~3.8 V，轻度过放/过充分别定义为 2.0 V 和 4.5 V。他们发现超声波飞行时间可以用检测到单独从电压中看不到的变化，他们指出，在第一次轻度过充放电期间开始，超声波飞行时间是一个很好的肿胀指标，然而，他们无法确定超声波飞行时间的变化是源于电极材料的变化还是气体的产生。Bommier 等[63]研究了镍钴锰酸锂-硅/石墨电池中固体电解质界面膜的形成及长期循环效应。用两个 2.25 MHz 的换能器在通脉冲模式下对电池进行测量。研究发现，气体的产生是由固体电解质界面膜的初始形成引起的，可通过声信号的丢失来检测到，随着电池的循环和容量下降的增加，超声波飞行时间呈上升趋势。Robinson 等[64]在 36 个位置使用 5 MHz 传感器对锂离子电池中电极的超声诊断进行空间解析。作者指出，超声的信号峰是典型的双峰，或两个靠近的峰。在充电和放电过程中，这些偶极体表现出明显的变化：在充电过程中阳极和阴极的密度变化，导致前峰的振幅减小而后峰的振幅增大，一个峰值与一种电极类型相关。超声波飞行时间在 36 个位置上的变化检测到了阳极集流体的深度，这表明可以使用超声波检测局部缺陷。为了验证这一点，Robinson 等[65]研究了使用超声波检测锂离子电池内部缺陷的可行性，通过使用 X 射线断层扫描，在位置/深度和规模方面准确地测量和验证了缺陷的信息，在商用电池中观察到缺陷周围 200 μm 的区域产生了声阻"空洞"，影响了传播路径且导致了信号的延迟。

对锂离子电池的超声波监测可以用来推断电池的充电、放电状态和健康状态，可以在不损害电池的情况下提供有关电池内部条件的信息。该技术还可以与传统的电池管理系统结合使用，以提供对电池更全面的了解。然而，使用超声波来识别和分析锂离子电池中的失效模式还需要进一步的工作。

# 3.6　多级报警和火控联动

前面提到的预警方法大多处于实验室阶段，是单电池的预警实验，与现实中储能站的实际情况相差很大。此外，随着大型储能系统中单体电池容量的增加、并联电池数量的增加、电流的增大，电站运行过程中极易发生热失控。然而，由于成本、空间、数据采集和存储的限制，储能电站并没有实现对所有电池的完整参数监测。因此，有必要采用高精度、低延迟的预警和火灾联动技术来提升储能电站的安全性。

根据现有的储能电站预警火控的论文和专利，大部分储能电站采用多级预警火控联动的策略。多级报警是指对电池单体、电池模块、电池组、电池仓进行分级报警，每一级报警对应具体的消防措施，以避免事故扩大，提升储能站的安全性。

（1）异常参数预警：此类预警多为初级预警，主要包括过充、过放、过热等现象，导致电流、电压、温度等发生异常变化。这些危险很容易检测到，可通过断开线路、冷却措施等消除。

（2）单体电池热失控报警：单体电池热失控发生时，可通过特征气体监测设备报警，通过电压变化、排放气体溯源等方法定位故障电池。特别是对于磷酸铁锂电池，初期的热失控事故很容易被抑制。

（3）热失控蔓延预警：热失控传播的早期阶段发生在电池模块内部。电池模块通常具有预警和冷却措施的电池管理系统，可以冷却过热区域并控制电池中的热失控传播。

（4）电池组内的热蔓延：此时热失控已经从电池模块传播到整个电池组。一般来说，电池组中的多参数监测模块可以实现对电池组中 VOCs、可燃气体、温度、压力等参数的实时监测，判断起火程度，并联动相应的消防措施进行灭火。

（5）电池组间的热蔓延：当热失控开始在电池组间传播时，表示热失控事故已经触发电池系统内报警系统。此时，火控系统将注水淹没电池系统，通过设置温度、氢气浓度、二氧化碳浓度、一氧化碳浓度、甲烷浓度、乙烯浓度、乙烷浓度、烟雾浓度等阈值，能够判断电池舱段是否发生热失控。根据参数的阈值设置多级报警及相应的消防措施，通过预警系统，可以提前监测热故障的时间，并在早期进行相应的消防控制措施，防止事故扩大。

上述多级预警方法中的阈值设置主要是基于不同的电池热失控特性，不同形状、不同充电和放电状态、不同类型电池在热失控过程中释放的气体种类和气体浓度不同。因此，需要针对具体的电池进行具体的阈值设置。

## 参 考 文 献

［1］NASCIMENTO M, FERREIRA M, PINTO J. Real time thermal monitoring of lithium batteries with fiber sensors and thermocouples：A comparative study ［J］. Measurement, 2017, 111：260-263.

［2］YU Y, VERGORI E, WORWOOD D, et al. Distributed thermal monitoring of lithium ion batteries with optical fibre sensors ［J］. Journal of Energy Storage, 2021, 39：102560.

［3］ALCOCK K, GRAMMEL M, GONZALEZ-VILA A. An accessible method of embedding fibre optic sensors on lithium-ion battery surface for in-situ thermal monitoring ［J］. SENSORS and ACTUATORS A-Physical. 2021, 332：113061.

［4］PENG J, JIA S, YU H, et al. Design and experiment of FBG sensors for temperature monitoring on external electrode of lithium-ion batteries ［J］. IEEE SENSORS JOURNAL. 2020, 21：4628-

4634.

[5] YANG S, LEE S, SONG S, et al. Development of a distributed optical thermometry technique for battery cells [J]. International Journal of Heat and Mass Transfer, 2022, 194: 123020.

[6] GRANDJEAN T, BARAI A, HOSSEINZADEH E, et al. Large format lithium ion pouch cell full thermal characterization for improved electric vehicle thermal management [J]. Journal of Power Sources, 2017, 359: 215-225.

[7] SRINIVASAN R, DEMIREV P, CARKHUFF B. Rapid monitoring of impedance phase shifts in lithium-ion batteries for hazard prevention [J]. Journal of Power Sources, 2018, 405: 30-36.

[8] LEE C, LEE S, TANG M, et al. In situ monitoring of temperature inside lithium-ion batteries by flexible micro temperature sensors [J]. Sensors, 2011, 11: 9942-9950.

[9] LEE C, LEE S, HUNG Y, et al. Integrated microsensor for real-time microscopic monitoring of local temperature, voltage and current inside lithium ion battery [J]. SENSORS and ACTUATORS A-Physical, 2017, 253: 59-68.

[10] PAN X, YANG Y, WANG Q, et al. Research on flexible thin-film sensors applied for in-situ temperature monitoring of lithium ion battery [J]. Transducer and Microsystem Technology, 2018, 37: 27-29

[11] ZHU S, HAN J, AN H Y, et al. A novel embedded method for in-situ measuring internal multi-point temperatures of lithium ion batteries [J]. Journal of Power Sources, 2020, 456: 227981.

[12] RAGHAVAN A, KIESEL P, SOMMER L W, et al. Embedded fiber-optic sensing for accurate internal monitoring of cell state in advanced battery management systems part 2: Internal cell signals and utility for state estimation [J]. Journal of Power Sources, 2017, 341: 474-482.

[13] PARHIZI M, AHMED M, JAIN A. Determination of the core temperature of a Li-ion cell during thermal runaway [J]. Journal of Power Sources, 2017, 370: 27-35.

[14] LI H, WEI F, LI Y, et al. Optical fiber sensor based on upconversion nanoparticles for internal temperature monitoring of Li-ion batteries [J]. Journal of Materials Chemistry, 2021, C9: 14757-14765.

[15] ZHANG D, DEY S, TANG S, et al. Battery internal temperature estimation via a semilinear thermal PDE model [J]. Automatica, 2021, 133: 109849.

[16] XIE Y, LI W, HU X, et al. An enhanced online temperature estimation for lithium-ion batteries [J]. IEEE Transactions on Transportation Electrification, 2020, 6: 375-390.

[17] WANG P, YANG L, WANG H, et al. Temperature estimation from current and voltage measurements in lithium-ion battery systems [J]. Journal of Energy Storage, 2021, 34: 102133.

[18] SRINIVASAN R, CARKHUFF B, BUTLER M, et al. Instantaneous measurement of the internal temperature in lithium-ion rechargeable cells [J]. Electrochimica Acta 2011, 56: 6198-6204.

[19] SCHMIDT J, MANKA D, KLOTZ D, et al. Investigation of the thermal properties of a Li-ion pouch-cell by electrothermal impedance spectroscopy [J]. Journal of Power Sources, 2011, 196: 8140-8146.

[20] LUDWIG S, ZILBERMAN I, OBERBAUER A, et al. Adaptive method for sensorless

temperature estimation over the lifetime of lithium-ion batteries [J]. Journal of Power Sources, 2022, 521: 230864.

[21] STROBEL M, PROSS-BRAKHAGE J, KOPP M, et al. Impedance based temperature estimation of lithium ion cells using artificial neural networks [J]. Batteries, 2021, 7: 85.

[22] KANG Y, DUAN B, ZHOU Z, et al. Online multi-fault detection and diagnosis for battery packs in electric vehicles [J]. Applied Energy, 2020, 259: 114170.

[23] LAMB J, ORENDORFF C, STEELE L, et al. Failure propagation in multi-cell lithium ion batteries [J]. Journal of Power Sources, 2015, 283: 517-523.

[24] DUAN B, LI Z, GU P, et al. Evaluation of battery inconsistency based on information entropy [J]. Journal of Energy Storage, 2018, 16: 160-166.

[25] ZHANG Z, LI S, XIAO Y, et al. Intelligent simultaneous fault diagnosis for solid oxide fuel cell system based on deep learning [J]. Applied Energy, 2019, 233: 930-942.

[26] QI C, ZHU Y, GAO F, et al. Mathematical model for thermal behavior of lithium ion battery pack under overcharge [J]. International Journal of Heat and Mass Transfer, 2018, 124: 552-563.

[27] CHEN Z, XU K, WEI J, et al. Voltage fault detection for lithium-ion battery pack using local outlier factor [J]. Measurement, 2019, 146: 544-556.

[28] KANG Y, DUAN B, ZHOU Z, et al. A multi-fault diagnostic method based on an interleaved voltage measurement topology for series connected battery packs [J]. Journal of Power Sources, 2019, 417: 132-144.

[29] GAN N, SUN Z, ZHANG Z, et al. Data-driven fault diagnosis of lithium-ion battery overdischarge in electric vehicles [J]. IEEE Transactions on Power Electronics, 2021, 37: 4575-4588.

[30] LIU P, SUN Z, WANG Z, et al. Entropy-based voltage fault diagnosis of battery systems for electric vehicles [J]. Energies, 2018, 11: 136.

[31] ZHAO R, KOLLMEYER P, LORENZ, T, et al. A compact unified methodology via a recurrent neural network for accurate modeling of lithium-ion battery voltage and state-of-charge [C]. Cincinnati: Winter, 2017.

[32] LI D, ZHANG Z, LIU P, et al. Battery fault diagnosis for electric vehicles based on voltage abnormality by combining the long short-term memory neural network and the equivalent circuit model [J]. IEEE Transactions on Power Electronics, 2020, 36: 1303-1315.

[33] ZHANG M, OUYANG M, LU L, et al. Battery internal short circuit detection [J]. ECS Transactions, 2017, 77: 217-223.

[34] KONG X, ZHENG Y, OUYANG M, et al. Fault diagnosis and quantitative analysis of micro-short circuits for lithium-ion batteries in battery packs [J]. Journal of Power Sources, 2018, 395: 358-368.

[35] DONG P, LIU Z, WU P, et al. Reliable and early warning of lithium-ion battery thermal runaway based on electrochemical impedance Spectrum [J]. Journal of the Electrochemical Society, 2021, 168: 090529.

[36] LYU N, JIN Y, XIONG R, et al. Real-time overcharge warning and early thermal runaway prediction of Li-ion battery by online impedance measurement [J]. IEEE Transactions on Industrial Electronics, 2021, 69: 1929-1936.

[37] RAGHAVAN A, KIESEL P, SOMMER W, et al. Embedded fiber-optic sensing for accurate internal monitoring of cell state in advanced battery management systems part 1: Cell embedding method and performance [J]. Journal of Power Sources, 2017, 341: 466-473.

[38] CHEN S, WANG Z, YAN W, et al. Investigation of impact pressure during thermal runaway of lithium-ion battery in a semi-closed space [J]. Applied Thermal Engineering, 2020, 175: 115429.

[39] LI R, REN D, GUO D et al. Volume deformation of large-format lithium ion batteries under different degradation paths [J]. Journal of the Electrochemical Society, 2019, 166: A4106.

[40] CAI T, STEFANOPOULOU A, SIEGEL J. Modeling Li-ion battery temperature and expansion force during the early stages of thermal runaway triggered by internal shorts [J]. Journal of the Electrochemical Society, 2019, 166: A2431.

[41] CAI T, PANNALA S, STEFANOPOULOU A. Battery internal short detection methodology using cell swelling measurements [C]. Denver: summer, 2020.

[42] KOCH S, BIRKE K, KUHN R. Fast thermal runaway detection for lithium-ion cells in large scale traction batteries [J]. Batteries, 2018, 4: 16.

[43] SU T, LYU N, ZHAO Z, et al. Safety warning of lithium-ion battery energy storage station via venting acoustic signal detection for grid application [J]. Journal of Energy Storage, 2021, 38: 102498.

[44] LYU N, JIN Y, MIAO S, et al. Fault warning and location in battery energy storage systems via venting acoustic signal [J]. IEEE Journal of Emerging and Selected Topics in Power Electronics, 2023, 11: 100-108.

[45] SU T, LYU N, ZHAO Z, et al. Safety warning of lithium-ion battery energy storage station via venting acoustic signal detection for grid application [J]. Journal of Energy Storage, 2021, 38: 102498.

[46] LYU N, JIN Y, MIAO S, et al. Fault warning and location in battery energy storage systems via venting acoustic signal [J]. IEEE Journal of Emerging and Selected Topics in Power Electronics, 2023, 11: 100-108.

[47] ZHENG Y, QIAN K, LUO D, et al. Influence of over-discharge on the lifetime and performance of $LiFePO_4$/graphite batteries [J]. RSC Advances, 2016, 6: 30474-30483.

[48] CAI T, STEFANOPOULOU A, SIEGEL J. Early detection for Li-ion batteries thermal runaway based on gas sensing [J]. ECS Transactions, 2019, 89: 85.

[49] CAI T, TRAN V, STEFANOPOULOU A, et al. Modeling Li-ion battery first venting events before thermal runaway [J]. IFAC-PapersOnLine, 2021, 54: 528-533.

[50] CAI T, VALECHA P, TRAN V, et, al. Detection of Li-ion battery failure and venting with carbon dioxide sensors [J]. eTransportation, 2021, 7: 100100.

[51] KAUR P, BAGCHI S, GRIBBLE D, et al. Impedimetric chemosensing of volatile organic

compounds released from Li-ion batteries [J]. Acs Sensors, 2022, 7: 674-683.

[52] LIAO Z, ZHANG J, GAN Z, et al. Thermal runaway warning of lithium-ion batteries based on photoacoustic spectroscopy gas sensing technology [J]. International Journal of Energy Research, 2022, 46: 21694-21702.

[53] JIN Y, ZHENG Z, WEI D, et al. Detection of micro-scale Li dendrite via $H_2$ gas capture for early safety warning [J]. Joule, 2020, 4: 1714-1729.

[54] HSIEH A G, BHADRA S, HERTZBERG B J, et al. Electrochemical-acoustic time of flight: In operando correlation of physical dynamics with battery charge and health [J]. Energy Environmental Science, 2015, 8: 1569-1577.

[55] GOLD L, BACH T, VIRSIK W, et al. Probing lithium-ion batteries' state-of-charge using ultrasonic transmission-concept and laboratory testing [J]. Journal of Power Sources, 2017, 343: 536-44.

[56] POPP H, KOLLER M, KELLER S, et al. State estimation approach of lithium-ion batteries by simplified ultrasonic time-of-flight measurement [J]. IEEE Access, 2019, 7: 170992-171000.

[57] LADPLI P, KOPSAFTOPOULUS F, CHANG F. Estimating state of charge and health of lithium-ion batteries with guided waves using built-in piezoelectric sensors/actuators [J]. Journal of Power Sources, 2018, 384: 342-354.

[58] COPLEY R, CUMMING D, WU Y, et al. Measurements and modelling of the response of an ultrasonic pulse to a lithium-ion battery as a precursor for state of charge estimation [J]. Journal of Energy Storage, 2021, 36: 102406.

[59] SOOD B, OSTERMAN M, PECHT M. Health monitoring of lithium-ion batteries [C]// IEEE Symposium on Product Compliance Engineering. Austin, TX, USA: IEEE, 2013.

[60] LADPLI P, NARDARI R, KOPSAFTOPOULUS F, et al. Design of multifunctional structural batteries with health monitoring capabilities [C]//8th European Workshop on Structural Health Monitoring. Bilbao, Spain: Engineering and Materials Science, 2016.

[61] WU Y, WANG Y, YUNG W, et al. Ultrasonic health monitoring of lithium-ion batteries [J]. Electronics, 2019, 8: 751.

[62] OCA L, GUILLET N, TESSARD R, et al. Lithium-ion capacitor safety assessment under electrical abuse tests based on ultrasound characterization and cell opening [J]. Journal of Energy Storage, 2019, 23: 29-36.

[63] BOMMIER C, CHANG W, LI J, et al. Operando acoustic monitoring of SEI formation and long-term cycling in NMC/SiGr composite pouch cells [J]. Journal of the Electrochemical Society, 2020, 167: 020517.

[64] ROBINSON J B, MAIER M, ALSTER G, et al. Spatially resolved ultrasound diagnostics of Li-ion battery electrodes [J]. Chemical Physics, 2019, 21: 6354-6361.

[65] ROBINSON J B, OWEN R, KOK M, et al. Identifying defects in Li-ion cells using ultrasound acoustic measurements [J]. Journal of the Electrochemical Society, 2020, 167: 120530.

# 4 锂离子电池火灾的防控

如果锂离子电池的内部温度升高超过其工作温度，电池的组件可能变得不稳定并倾向产生额外的热量，如果这些热量不消散，锂离子电池温度将进一步升高从而加速热量释放的过程称为热失控。与铅酸电池、镍镉电池、溴化锌电池和碱性电池不同，锂离子电池使用易燃有机电解质，在热失控过程中存在发生火灾的风险。虽然火可以通过许多方法扑灭，但热失控的影响更难以控制，需要持续对锂离子电池进行冷却。尽管锂离子电池在储能领域中广泛使用，但它们容易发生热失控和火灾，这是混合动力电动汽车、电动汽车、电动飞机面临的主要安全问题。

大型电动设备使用的锂离子电池系统由多个电池包和模块组成，其中单个电池的热失控会引发相邻电池的热失控，从而损害整个电池系统的完整性。滥用条件中的任何一种都可能导致电池内部温度的升高，这反过来又可能引发放热反应。热失控过程会造成严重的消防安全隐患，特别是对于客运车辆、飞机和潜艇等密闭空间。2005~2024 年，报道了 300 多起火灾或与火灾有关的事件，其中 40 人死亡。从手机等小型消费电子产品到大型电动汽车和飞机，锂离子电池火灾事件非常普遍。大量的事故表明，锂离子电池技术存在严重的安全问题。在不影响电池能效的前提下，通过灭火剂的吸热和冷却作用，快速有效地控制电池引发的火灾，防止热失控效应在电池模块内的进一步传播，是未来电池安全管理的重要方向。

## 4.1 火灾的减缓机制

为了防止热失控，锂离子电池热管理系统的设计已经有了长足的进步，但仍然有可能发生热失控，因此，当热失控发生时，需要采取适当的策略来控制和减少损害。锂离子电池组的热失控可能导致火灾危险，当电池可燃物和氧化剂的混合物暴露于高热源时，就会发生火灾。燃烧可以通过五种方式减缓：（1）保护可燃物，使氧化剂混合物与氧气隔绝；（2）中断导致燃烧的反应；（3）从着火区域分离可燃物；（4）将可燃物的温度降低到混合物的闪点以下；（5）清除高温区域热失控产生的气体。

开发用于锂离子电池火灾的灭火方法是重要的减灾策略之一。用于扑灭电池火灾的基本灭火剂有五种，包括水、泡沫、二氧化碳、粉末/干粉和基于哈龙的灭火器。最具性价比的方法是使用水基灭火器，蒸发潜热和水的高热容量有利于消除电池组火灾。当应用于电气元件时，每个液滴都被空气包围，从而降低了短路的风险。液滴应该有足够的动量，使它们能够穿透火焰并与燃烧表面相互作用。水雾由比喷雾小的水滴组成，这些较小的液滴具有较大的相对表面积，从而导致吸热增加。最后，水中的表面活性剂降低了水的表面张力，通过涂覆燃烧物质并冷却它们来增加灭火器的功效。然而，水是电导体，可以在电池中引起外部短路，从而导致热失控的传播。泡沫灭火剂使用泡沫在高温表面和易燃蒸汽/气体之间放置一个阻隔。为了有效，泡沫必须完全覆盖电池表面防止空气通过泡沫屏障并点燃可燃物。粉状灭火器用化学方法改变引起火灾的化学反应，这种方法不提供任何形式的冷却，因此，可燃物重新点燃的风险高。以二氧化碳为基础的灭火器用二氧化碳代替氧气，可以安全地用于电气部件，由于其冷却能力低，它不是理想的灭火剂，此外，如果在封闭的空间中使用，它可能会导致空间内人员的呼吸问题。以哈龙为基础的灭火剂也会以化学方式中断火灾反应，不会留下残留物。与基于粉末的灭火器相比，基于哈龙灭火器不提供任何形式的冷却，此外，当哈龙暴露于环境中时，会导致全球变暖并消耗臭氧层。

## 4.2　减缓火灾危害的设计策略

在电芯、电池、电池组、系统和外壳级别均可实施防火措施。消防规划必须考虑来自电池系统和隔间外部的危险，这给系统设计带来了更多的复杂性。

### 4.2.1　电芯的优化

在电池内部，可以通过改变材料或结构、设计和使用安全装置来增加减少或防止热失控的安全措施。在提高锂离子电池的安全性方面，人们已经做了大量的工作。正极材料的选择主要决定了热稳定性和能量传递。例如，钴酸锂的固体电解质相界面分解开始于 130 ℃ 左右，镍钴锰酸锂为 240 ℃，锰酸锂为 270 ℃，磷酸铁锂正极为 310 ℃。正极材料可以通过涂覆 $TiO_2$、$LiNi_{0.5}Co_{0.5}O_2$、$Al_2O_3$、$MgO$、$Li_xCoO_2$ 等材料来改善热稳定性。通过在石墨上沉积 $Al_2O_3$、$SrO$、$Mn_4N$、$K_2SO_4$、$CaCl_2$、$CaF_2$、$SrF_2$、$Ag$、$Mg$ 或 $Zn$，可以在 50 ℃ 的高温下对阳极表面进行修饰以保持容量。通过在电解质中加入诸如磷酰胺添加剂（N,N-二烯丙基-二乙基酰磷酰胺）等物质，可以用硅、硅纳米线和尖晶石钛酸锂氧化物替代传统石墨阳极。通过量热分析和热失控测试证明，与石墨相比，钛酸锂是一种更安全的阳极材料。

电解液中的碳酸溶剂是锂离子电池热失控引发火灾的主要原因。减少溶剂和增加锂盐的含量可以减少 100 ℃ 以上的电解质放气，但改变锂盐与溶剂的平衡会影响正极和插层石墨的热稳定性。电解质的安全性已通过使用添加剂得到提高，固体聚合物电解质替代液体电解质是提升电解质安全性的另一种方法。

## 4.2.2 电池的配置

电池内部装置，如泄压通风口、电流中断、正温度系数装置和关机隔膜可以防止或限制内部故障的影响。减压通风口在电池内部压力升高时释放，引导热气体从电池中排出，避免电池破裂。减压通风口的开口也与防止电流流动的正电路切断有关。正温度系数器件由导电聚合物组成，在正常情况下是一个闭合电路，在异常大电流和高温下通过熔化聚合并断开电路激活。关机分隔膜由具有不同相变温度的层状膜组成，可以关闭隔膜孔隙并阻止锂离子的传输。

## 4.2.3 电池模组的优化

电池管理系统是模块和电池组层面的主要安全装置。电池管理系统控制和防止过充电、过放电，并通过平衡每个电池的充电状态来操作电池组，以获得最佳应用性能和较长的使用寿命。在过去的几年里，电池管理系统引起了广泛的研究兴趣，主要成果包括准确估计充电状态以避免过度充电、建立健康状态预测模型和故障诊断模型。热管理系统与电池管理系统一起为大型电池组提供安全保护。热管理系统为每个电池保持最佳工作温度（20~40 ℃），并减少模块内部和模块之间的温度变化。如果温度低于期望范围，则需要外部加热装置来提高电池组的温度；当温度高于期望的设定点时，需要冷却技术来提供散热并防止电池之间的热传递。

## 4.2.4 电池组系统的优化

尽管在电池和模块层面采取了安全措施，但安全系统故障、意外滥用或自发内部短路都可能导致电池起火。由于商业（成本、进度、可用性）或电池性能原因，在电池级开发的消防安全措施可能尚未适用于储能项目所选择的电池，因此，隔层的消防安全对阻止火势蔓延和防止火势从隔层蔓延非常重要。电池舱的结构应具有良好的耐高温能力，并阻止火灾蔓延到邻近的空间。为了防止在热失控事件期间电池舱内的压力积聚，建议在舱内安装一个开口作为泄压排气，使舱内的系统能够承受压力的增加。

# 4.3 热蔓延的阻隔

根据 Semyonov 热失控理论，当放热反应产生的热量没有被散失到环境中的热量所抵消时，电池内就会发生热积累，导致温度升高，反应加速，从而导致热失控。对于由多个电池组成的锂离子电池模块，根据傅里叶热传导定律，当其中一个电池发生热失控时，其产生的热量通过热传导不断加热相邻的电池，从而不断扩大热失控范围。电池模块越大，发生火灾和爆炸的危险越大，灭火的难度也越大。温度分布预测如图 4-1 所示。电池间的传播比电池内的传播要花更多的时间。

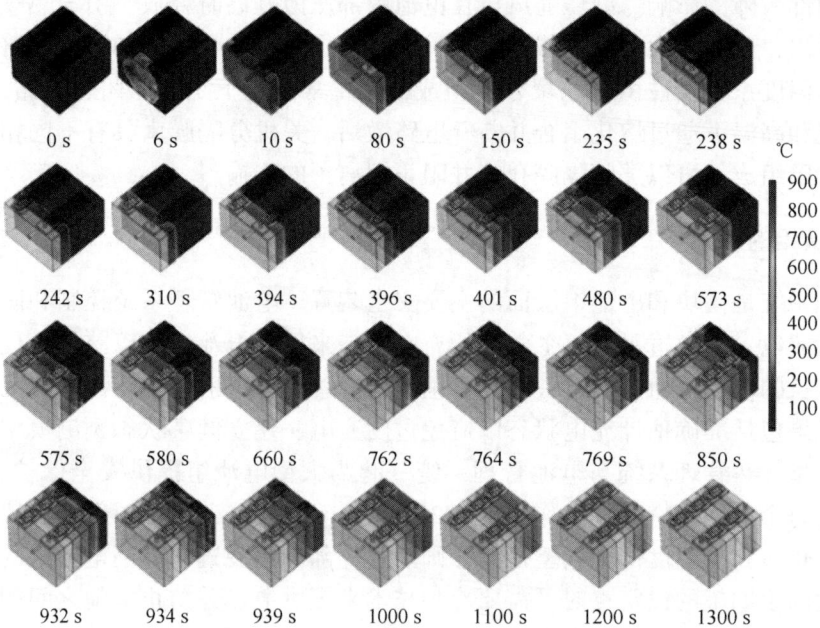

图 4-1　热蔓延的三维模型示意图[1]

图 4-1 彩图

　　根据热失控势垒原理，势垒可分为物理势垒和化学势垒，即通过物理手段吸收热量或阻碍传热，通过化学反应吸收热量或形成热障。此外，由于电池之间的电气连接也可能成为电池之间热失控传播的途径，因此在发生热失控后，有必要切断与热失控电池的连接。

### 4.3.1　物理阻隔

　　目前，物理屏障方法主要是通过电池热管理（液体冷却和相变材料冷却）和热障材料来实现吸热和阻隔。Ke 等[2]研究了蛇形微通道液冷板对电池热失控传播的影响，发现当流量增加到 90 L/h 时，可以有效阻止电池热失控传播。同样，Xu 等[3]通过增加微通道中质量的流速，减轻了热失控的传播。Mohammed等[4]提出了一种双用途冷却板，在日常操作中保持电池表面温度低于 25 ℃，在热失控时在 75 s 内将电池温度降低到 30 ℃ 左右。然而，仅使用液冷板来防止热失控传播也是无效的，甚至可能由于传热增强而加速热失控传播。Yang 等[5]将气凝胶层的绝热性与液冷板的散热能力相结合，有效地防止了电池模块内部热失控的传播。Rui 等[6]构建了一个液冷板与绝热层耦合的模型，使冷却板有足够的时间吸收热失控电池中积累的过量热量，从而很好地抑制了热失控的传播。

由于相变材料的潜热值高，导热系数低，利用相变蓄热吸收热失控电池的热量，利用低导热系数对热失控进行热阻断，可以很好地抑制热失控在电池中的传播。Wilke 等[7]通过针刺导致电池热失控，基于石蜡和膨胀石墨的复合相变材料有效地阻止了热失控的传播，使相邻电池的表面温度保持在 120 ℃以内，在没有相变材料的对比实验中，热失控迅速蔓延。然而，石蜡等有机相变材料在特定的高温环境下，容易产生可燃的挥发性化合物，当热量失控而着火时，就会构成危险。为提高相变材料的阻燃性，应采用阻燃剂。Niu 等[8]制备了具有阻燃涂层的低导热复合相变材料，并测试低导热复合相变材料模块的热失控传播。Weng 等[9]加入阻燃剂 [Al(OH)$_3$]，并对相变材料模块的结构进行了优化，实验结果表明，在管状结构中加入 15%（质量分数）阻燃剂的相变材料具有较好的阻燃效果。Zhang 等[10]针对相变材料潜热值有限的问题，设计了一种新型的基于相变材料和液冷的混合式电池热管理系统。在热失控的情况下，相变材料作为热缓冲器，热量通过液冷系统散失，从而避免了热失控的传播。

目前，已经有大量的研究解决了隔热材料在抑制电池热失控传播中的作用。在高比能电池模块的设计过程中，应选择导热系数低的可压缩绝缘材料，以吸收电池热失控时的膨胀，减少电池间的热传递。气凝胶保温材料的孔隙率可以达到 90% 以上，由于存在大量纳米级孔隙，空气几乎无法流动，从而抑制了空气的对流热传导。而毫米厚度的气凝胶材料含有数万层反射和折射表面，可以很好地阻挡辐射传热。Feng 等[11]发现，厚度至少为 1 mm，导热系数小于 0.2 W/(m·K) 的材料可以获得足够的绝缘性能并有效防止热失控在大面积电池模块内传播。此外，中空玻璃微球具有重量轻、导热系数低、抗压强度高、电绝缘性能好等特点[12]。

## 4.3.2　化学阻隔

没有热保护的电池被钉子刺穿，热失控在电池组内传播。气凝胶等保温材料的应用会延迟热失控的传播，但会导致更高的温度。当应用三水乙酸钠/膨胀石墨时，热失控在电池组中的传播可以完全被阻止了。Cao 等[13]提出将三水合乙酸钠/膨胀石墨复合热化学储热系统应用于电池组热管理和抑制热失控传播，三水乙酸钠有两个蓄热阶段，即潜热蓄热（58 ℃）和热化学蓄热（106~140 ℃），分别用于电池的热管理和防止热失控。Lin 等[14]在此基础上，在三水乙酸钠/膨胀石墨中加入尿素，形成新的三元材料，其固液相变发生在 50.3 ℃，相变潜热为 181 kJ/kg，热分解发生在 114.0 ℃，化学储热为 567.3 kJ/kg。通过仿真研究了三水乙酸钠-尿素/膨胀石墨对电池热失控传播的抑制作用，三水乙酸钠-尿素/膨胀石墨成功将电池温度保持在 130 ℃ 以下，将相邻电池温度保持在 100 ℃ 以下。当没有化学储热保护时，热失控电池的温度上升 242 ℃，相邻电池也触发热失控，60 s 时，相邻电池温度升至 700 ℃。

化学反应产生低导热材料以阻止热失控传播是化学屏障的另一种途径。例如，Li 等[15]设计了一种集成了热管理、冷却和防火功能的陶瓷-水凝胶纳米复合材料，纳米复合材料的高熔可以实现有效的热管理，在机械或热滥用的情况下，储存的水可以立即释放；具有低导热系数和高温热阻的高弹性陶瓷基体，从而有效地冷却热失控电池，以抑制热失控的传播。乙烯-丙烯-非共轭二烯烃三元共聚物[16]广泛应用于耐热软管、建筑防水材料、固体火箭发动机内保温材料等，具有优异的抗氧化、抗臭氧和抗侵蚀性能。

## 4.4　灭火

研究表明，锂离子电池火灾可以使用传统的热探测器、烟雾探测器和烟雾-热联合探测器来预警。当可燃物和氧化剂暴露于热源时，将温度提高到可燃物-氧化剂混合物的闪点以上就会引发火灾。当压力积聚使锂离子电池破裂时，易燃的电解质被释放，因此，热失控过程可以提供足够的热量引发火灾。灭火方法应抑制锂离子电池火灾并防止电池温度的升高。如果没有充分冷却，热失控反应可能继续，电池重新点燃，这是锂离子电池灭火系统面临的主要挑战。如果初始电池的热传播不受控制，相邻电池也可能发生热失控。冷却大型电池组中的电池以防止热量传播比扑灭单个电池的火灾更为重要。锂离子电池的灭火策略不仅应基于扑灭燃烧电池，还应包括冷却燃烧电池及其邻近电池。

由于锂离子电池热失控火灾具有快速加热和高温的特点，电池单元之间容易发生传热和热积聚，导致大规模火灾，易燃易爆气体的释放会引起爆炸。在锂离子电池事故中，泄漏或火灾可能导致高活性有毒物质（如三氟化磷或氢氟酸）的释放，这是因为电解质盐六氟磷酸锂几乎用于所有锂离子体系或锂离子聚合物体系，当电池安全阀打开时，该物质流出，产生三氟化磷、磷酸和氢氟酸，对人体和环境造成极大危害。从能量的角度来看，及时和充分地耗散热失控产生的能量是至关重要的，这可以防止热失控产生的额外能量积累，保证锂电池系统的热稳定性，并将电池的热失控问题保持在可控范围内。与传统灭火剂相比，锂离子电池灭火剂需要在保持低导电性的同时，具有更大的快速冷却能力、连续冷却能力和气体吸附能力。二氧化碳、干粉和 3% 水成膜泡沫灭火剂对 18650 钴酸锂电池火灾明火均有有效的灭火效果，但灭火后会发生再燃，且再燃时间与灭火剂的冷却能力成正比。细水雾灭火剂相对于超细干粉灭火剂具有明显的优势，水可以成功扑灭锂电池火灾，但存在耗水量大、灭火时间长等缺点。添加剂可以有效提高锂电池火灾的灭火效率，将灭火时间从几十秒缩短到几秒，大大减少了水的消耗。在纯水中加入一定比例的表面活性剂后，灭火时间大大缩短。然而，表面活性剂的添加量不超过5%时，可以显著抑制锂电池火灾，当添加比超过5%时，扑灭锂电池火灾的时间趋于平稳，不再继续下降。

$CO_2$、泡沫灭火剂、细水雾、水、干粉灭火剂对锂离子电池的灭火研究发现，水和泡沫灭火剂在冷却阶段的性能最为突出，虽然水的快速升温现象较为突出，温度波动较为明显，但整体控温效果性能最好。在锂离子电池模块的热传递过程中，电池外壳的传热是电池组热传播的主要传热通道。火焰对热失控传播影响不大，但可能对电池模块上方的附件造成严重损坏。因此，更应注意寻找防止热失控通过电池外壳传播的方法。需要特别注意的是，错误使用灭火剂会进一步增加电池中热失控火灾的规模，在七氟丙烷、二氧化碳、超细干粉对电池热失控的灭火实验中，发现超细干粉灭火剂不仅不能有效抑制电池热失控现象，还会引起爆炸；在高温灭火过程中，全氟己内酯会受到火灾增强和大量HF产生的影响。综上所述，现有的传统灭火剂不能解决锂离子电池的热失控问题，甚至会进一步加剧危险，因此，开发高效锂离子电池专用灭火剂是非常迫切和必要的。

美国、韩国、欧洲和中国分别于2008年、2012年、2013年和2014年开始关注锂离子电池的安全性。日本率先提出了与锂离子电池灭火相关的专利，但内容均为利用传统灭火剂开发新型锂离子电池热失控灭火装置。2007年，日本夏普公司通过在电池外部添加一层含有灭火剂的包装材料，首次设计了一种更安全的电池组。在灭火剂中，蛋白泡沫、氟蛋白泡沫、表面活性剂泡沫、碳酸氢钠、碳酸氢钾、磷酸钠、硫酸铝、硫酸铵、磷酸二氢铵等是特别优选的。2009年，日本三菱汽车公司提出了一种使用水基灭火剂将热失控汽车动力电池及时浸入水中的电池安全装置。2012年，日本第一家防灾产品制造商北木株式会社研发了一种灭火系统，该系统采用安装在电池模块箱体内用于事件探测的烟雾探测装置和气溶胶灭火剂对电池的热失控进行及时干预，从而抑制因建筑物火灾引起的储能装置内电池的爆炸燃烧。

在众多灭火剂中，去离子水和全氟己烷的应用最为广泛。去离子水具有汽化潜热高、成本低、不导电等特点，通过其大量的蒸发热，可以快速地带走大量的热量，从而实现快速地灭火和冷却。全氟己烷具有高密度、高比热、不导电、无腐蚀性、无残留等特点，它不仅通过汽化和吸热实现快速冷却，而且利用高温分解捕获燃烧过程中产生的活性自由基，从而破坏链式反应，实现化学抑制。根据灭火剂形态的不同，将灭火剂分为液体灭火剂、固体灭火剂、多种灭火剂联合使用和微胶囊灭火剂。

　　液体灭火剂可应用于喷水灭火控制系统,应用范围广,灭火冷却效果突出,是灭火剂发展的主要方向。气体灭火剂主要为全氟己酮复合灭火剂,通过添加不同表面活性剂增强全氟己酮场景的适应性,克服全氟己酮气体性质对场景使用要求高的缺点,可进一步提高全氟己酮的灭火性能。微胶囊型灭火剂是针对锂离子电池热失控特定温度变化特性、气体释放规律、制作外壳材料、包裹指定灭火剂、多角度控制锂离子电池火灾,但储存稳定性需要加强,生产工艺过于复杂。

### 4.4.1　液体灭火剂

　　液体灭火剂包括含水灭火剂、水胶体灭火剂、泡沫灭火剂等。水具有很强的吸热能力,对燃烧材料具有显著的冷却作用,水的汽化产生大量的水蒸气,将空气挤出并阻止空气进入燃烧区域,从而降低燃烧区域的氧气含量(见图4-2)。此外,水价格便宜,容易获得,来源广泛,对环境的污染小。但是水也有明显的缺点,水由于流动性好,喷入火场的水大部分会流失,或者因为火场的高温水还没有到达燃烧区而已经汽化,所以水的冷却性能不能充分发挥。不同的研究学者通过水表面活性剂的复配、水溶性聚合物凝胶结构的吸水膨胀、泡沫剂水溶液与空气的混溶等不同的方法发明了水性灭火剂、水胶体灭火剂和泡沫灭火剂。

图 4-2　水基灭火剂的灭火机理示意图[17]　　　　图 4-2 彩图

#### 4.4.1.1　水基灭火剂

　　水基灭火剂是通过在水中加入试剂,改变水的物理性质,增加汽化潜热、黏度、润湿力、附着力,提高水的有效阻氧能力和冷却能力,延长水在燃烧区域的停留时间,降低水的流动阻力,增加水的冷却和保护面积,充分发挥水的灭火性能,减少的用量,提高灭火效率。2019年厦门亿泰消防科技发展有限公司发明了一种水基灭火剂,由 10%~20% 的 $C_6F_{12}O$、15%~35% 的氟碳表面活性剂、10%~15% 的乙二醇、1%~3% 的乙醇、0.5%~3% 的聚丙烯酸和剩余的水组成[18]。该灭火剂利用 $C_6F_{12}O$ 与水的吸热汽化作用,降低着火部位温度和锂离子电池火灾的再着火概率。2020 年，中国南京工业大学研制出非导电超细水雾灭火剂[19]，该灭火剂由非离子型氟表面活性剂、脂肪醇聚氧乙烯醚、尿素、甲基膦酸二甲酯和去离子水组成。通过采用物理添加剂和化学添加剂两类添加剂的组合，并引入锂离子电池专用阻燃剂甲基膦酸二甲酯，可以达到更好的灭火和阻燃效果。使用添加剂灭火时间为 2 s，比使用纯水细雾灭火时间缩短 9 s，总冷却时间缩短 130 s，最高温度降至 100 ℃ 所需时间缩短 13 s。灭火速度、冷却速度和最高温度冷却速度分别是纯细水雾的 5.5 倍、2 倍和 2.7 倍[20]。2020 年，中国摩力方科技（北京）有限公司发明了一种由乙酸乙酯、全氟己基磺酰氟、N,N-二乙基-1,3-丙二胺、次氯酸钠、二酸二丁锡、去离子水、辛基磺酸钠、全氟丁磺酸钾、二甘醇单丁醚组成的锂离子电池用的水基灭火剂[21]，该灭火剂通过全氟己基多糖共聚物的隔氧原理实现高效灭火。2022 年，北京理工大学发明了两种专为低电导率锂离子电池设计的水基灭火剂[22]，灭火剂中的活性剂是由有机硅表面活性剂、氟表面活性剂和碳氢化合物表面活性剂及不同类型和比例的多元醇和酯混合而成的，由此产生的配方在绝缘和冷却能力方面表现出卓越的性能。在 3 组 18650 电池的热失控灭火实验中，与纯细水雾和 3% F-500 相比，上述灭火剂均能有效抑制热传播，只有 1 组电池发生热失控。相比之下，纯细水雾和 3% F-500 导致多个电池发生热失控。

水基灭火器的优点在于其优良的冷却性能，但是难以保证水基灭火器绝缘性能。虽然通过去离子水、注入细水雾等方法保证了水基灭火器本身的绝缘性，但电池热失控时释放的物质与绝缘的水基灭火器混合，仍然会使灭火剂失去绝缘性能，从而增加事故现场的危险性。因此，对水基灭火器的研究重点不仅在于试剂放电前的绝缘性能，还在于试剂与电池释放的电解质等物质混合后的绝缘性能。

### 4.4.1.2 水胶体灭火剂

所有水溶性或亲水性聚合物都可以通过一定的化学交联或物理交联形成水凝胶，这些大分子按其来源可分为两大类：天然的和合成的。天然亲水性聚合物包括多糖（淀粉、纤维素、海藻酸盐、透明质酸、壳聚糖等）和多肽（胶原蛋白、聚赖氨酸、聚谷氨酸等）。合成的亲水聚合物包括醇类、丙烯酸及其衍生物（聚丙烯酸、聚甲基丙烯酸、聚丙烯酰胺、聚 n-聚丙烯酰胺等）。水凝胶的三维网状结构具有极强的亲水性，在水中能迅速膨胀，并能保留大量水分而不溶解。

2010 年，美国 SB LiMotive 公司率先发明了一种具有悬浮特性的凝胶型灭火剂[17]，专门用于扑灭锂离子电池火灾。凝胶由水、难溶于水的钙、镁或锶阳离子盐和水增稠剂组成，其中，碱土金属阳离子的稀溶液能与三氟化磷、磷酸、氟化氢等物质反应，产生不溶于水的不溶性氟化物，增稠剂能更有效地分散水中的金属盐，其浓度可根据用户要求进行调整。作为安全预防措施，设置在容器内的灭火剂保护层可以具有较高的黏度，而待喷灭火剂可以具有较低的黏度，以保证良好的可喷性。随后，三星 SDI 和罗伯特博世公司在 2012 年联合开发了类似的概念，一种凝胶基锂电池专用灭火和阻燃剂，它利用了碱土金属羧酸盐和可膨胀聚合物的综合作用。与其他碱土金属酸盐相比，碱土金属羧酸盐具有较高的碳的平均氧化态，使其在燃烧过程中能够提供少量的能量并产生大量的二氧化碳。碱土金属羧酸盐，特别是羧酸钙，可以以水溶液形式应用，干燥后仍保留一定的阻燃效果。由可膨胀聚合物、乳酸葡萄糖酸钙、阿拉伯胶、聚乙二醇组成的凝胶型灭火剂可以显著减少灭火过程中电池热失控产生的烟雾排放，且在灭火剂中未检测到氟化物和磷酸盐离子。2021 年徐州克林斯曼安防科技有限公司开发了一种锂离子电池灭火剂[23]，其溶解液由聚氧乙烯脂肪酸酯、甘油硬脂酸酯和聚氧乙烯芳基醚组分组成，溶解剂由水、蛭石颗粒、丙烯酸、亚甲基双丙烯酰胺和聚乙烯吡啶酮组分组成。含水胶体灭火剂的凝胶膨胀特性使水在电池表面持续吸附从而实现连续冷却。凝胶型灭火剂的膨胀性能对冷却和降温的有显著影响，它也可以作为未来研究专门为锂离子应用设计的凝胶基灭火剂的关键标准。

### 4.4.1.3　泡沫灭火剂

泡沫灭火剂是将泡沫水溶液与空气或二氧化碳混合，产生泡沫，通过化学反应或机械方法灭火的药剂。由于泡沫比产生它的水溶液轻，也比可燃液体轻，所以它可以悬浮在液体表面，悬浮的泡沫形成水基空气屏障，通过防止可燃物蒸发来抑制燃烧，泡沫灭火剂扩散迅速，附着在可燃物上，灭火能力远远超过水。2022 年，北京理工大学通过与含氟表面活性剂和助表面活性剂复配全氟硅油气体灭火剂发明了全氟碳酸盐岩泡沫灭火剂[24]（见图 4-3）。水对锂离子电池进行快速冷却，冷却促进了全氟硅油组分对电池内部热失控链式反应的抑制作用。全氟己酮组分链式反应的抑制作用增强，降低了烟雾浓度和热浮力，使水雾颗粒更容易到达电池表面。全氟己酮与水的相互作用显著增强了灭火剂的灭火和抗燃效果。在快速冷却方面，该混合配方使电池表面峰值温度降低了 82.03 ℃，与全氟己烷和水相比，冷却效率分别提高了 156% 和 28%，抑制效率分别提高了 18.5% 和 24%。

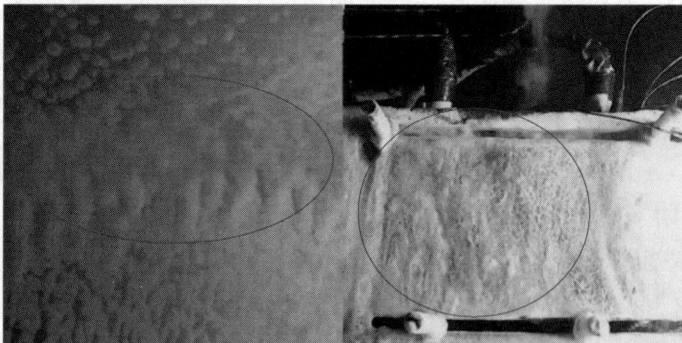

图 4-3　微乳液抑制剂的释放所产生的泡沫

4.4.1.4　其他液体灭火剂

日本 Chemers 公司设计了一种液体氟聚醚和阻燃剂的组合[17]，该阻燃剂能够通过在燃烧过程中形成碳化物来抑制锂离子电池的燃烧。该技术将原液体组合物浓缩成半固态，当温度升高时，燃烧抑制剂释放水、氮、二氧化氮、二氧化碳或二氧化硫，同时，组合物吸收热量膨胀形成碳化物，使电池的热失控保持在有限的范围内。水基灭火剂与水凝胶灭火剂的组合效果更为理想（见图 4-4），水基灭火剂提供大量的汽化潜热，可以瞬间扑灭明火，同时利用水凝胶灭火剂的连续冷却能力迅速冷却电池，控制热失控的蔓延，并将有毒有害气体转化为沉积物供吸收。

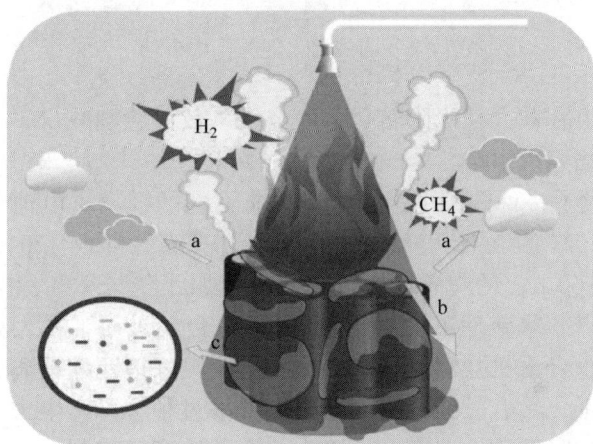

图 4-4　水泡沫灭火剂与水凝胶灭火剂联合作用机理示意图
a—利用水的蒸发潜热迅速冷却；b—胶体系统中碱土金属盐吸收电池热失控释放
的有毒有害物质；c—凝胶吸水后附着在电池表面持续冷却

## 4.4.2　固体灭火剂

固体粉末形式的灭火剂统称为固体灭火剂，一般主要指干粉灭火剂。由于气溶胶灭火剂含有超细固体粉末，因此通常也归入固体灭火剂的范畴（见图 4-5）。

4.4.2.1　干粉灭火剂

干粉灭火剂是由一种或多种具有灭火功能的无机细粉和具有特定功能的填料和助剂组成。干粉灭火剂与其他灭火剂相比，具有灭火速度快、生产工艺简单、温度范围宽、对环境无特殊要求、不需要外源电源和水源、无毒、无污染、安全等特点。当将干粉灭火剂加入燃烧区域并与火焰混合时，干粉与火焰中的自由基接触，自由基被吸附在粉末表面并发生转化反应，通过转化反应，在粉末的帮助下消耗燃烧反应中的羟基和羟基自由基。当大量粉末以雾的形式喷洒到火焰中

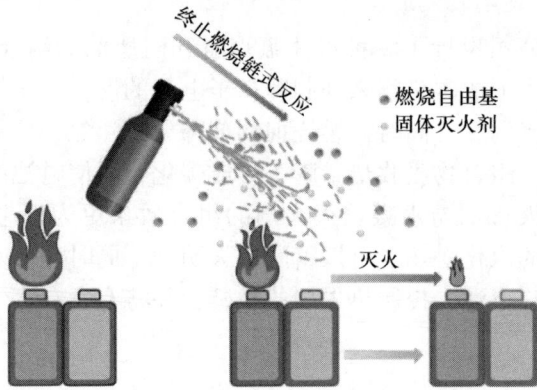

图 4-5　固体灭火剂的作用机理　　　　图 4-5 彩图

时，火焰中的自由基被大量吸附转化，使自由基数量急剧减少，导致燃烧链式反应中断，最终火焰熄灭。

　　Flood[17]开发了一种体积更轻、流动性能更强的锂离子电池干粉灭火剂，其成分为 85% ~ 98.5% 的干粉灭火剂、0.5% ~ 10% 直径 10 ~ 170 $\mu$m 的玻璃球和 1% ~ 5% 直径 20 ~ 60 $\mu$m 的陶瓷球，该灭火剂克服了传统干粉灭火剂高压喷射导致火焰蔓延的缺点。华南理工大学[25]发明了水合无机盐干粉灭火剂，水合无机盐干粉灭火剂的水合无机盐组分分解温度较低，较好地匹配锂离子电池发生热失控的初始温度范围，具有较强的吸热能力，分解过程中可产生大量气体稀释氧气浓度，从而能有效降低物体温度和环境中的氧气浓度并抑制了锂离子电池的热失控。干粉灭火器在抑制电池中的热失控事件方面不如水有效，但因为其存储方便，易于使用，所以更适合小规模锂离子电池热失控事件的预防和早期干预。

　　4.4.2.2　气溶胶灭火剂

　　气溶胶灭火剂是由液体或固体的分散相和气体的分散介质组成的灭火介质，形成粒径小于 5 $\mu$m 的气溶胶系统。它的独特特征在于微小的固体颗粒，类似于气体的性质，这种独特的属性使它可以毫不费力地绕过障碍物，甚至到达火场最偏远的角落，并在很长一段时间内徘徊。因此，它通过充分的水浸可以实现完全的灭火，超越了传统干粉灭火剂的效率。Yamato Protec 公司开发了一种含有钾化合物作为灭火剂的灭火片，该灭火剂通过在高温下产生钾自由基（钾化合物）的气溶胶的催化反应来中断燃烧链[17]。该设计可直接贴附在电池外包装上，无需人工干预，当遇到电池热失控现象时自动起作用，有效防止热失控在小容量锂电池中的蔓延。虽然对大容量电池热失控的抑制性能有待验证，但自动温升响应的设计理念可以提供更及时的事故预警。

　　固体灭火剂专利主要以干粉为主，虽然干粉具有高效、快速灭火的特点，但干粉灭火剂对锂离子电池的灭火冷却效果很小，不具有覆盖作用。因此，在锂离子电池热失控的环境中，由于灭火不完全和冷却效率差等，容易引起再着火，并不能达到吸收有毒气体、包裹的作用。气溶胶效率更高，而且没有定向扩散，无论喷雾的方向或喷嘴的位置如何，它们都可以在较短的时间内迅速扩散到保护空间，并且还可以克服障碍物的空间限制。然而，无论是干粉还是气溶胶，固体颗粒对人体呼吸都有一定的刺激作用，也会影响现场的能见度和救援。

### 4.4.3 多种灭火剂的组合

为了更好地解决锂离子电池的热失控安全问题，研究人员还探索了多种灭火剂的联合使用，其中全氟己酮在灭火剂组合中被广泛使用。全氟己酮大气停留时间短、温室效应低、不破坏臭氧层、灭火浓度低（4.5%~5.8%），是一种新型高效环保清洁灭火剂[26]，已应用于锂离子电池的热失控领域。将全氟己酮与其他材料结合，在发挥全氟己酮优异的降温能力的同时，进一步加强复合灭火剂的持续冷却能力和化学抑制能力，是众多研究者的主要研究方向之一（见图4-6）。

图4-6 使用复合灭火剂灭火的示意图

图4-6彩图

#### 4.4.3.1 气液复合灭火剂

中国电力科学研究院研制了一种由全氟己酮、全氟聚醚、全氟烷基醚、全氟聚烷基醚等化合物组成的气液复合灭火剂[27]。液体混合物中低沸点全氟己酮的汽化过程吸收热量，降低点燃电池的温度，从而最大限度地减少电池内氧气的产生。利用具有良好热稳定性和抗氧化性的全氟聚醚、全氟烷基醚和全氟烷基聚醚将电池与周围空气有效隔离，防止电池与外界氧气接触。与性能有限的传统灭火剂相比，这种方法专门解决了电池在高温下产生氧气的独特情况，它分别解决了电池内部氧气的产生和电池与外部氧气的相互作用，从而增强了灭火能力。

#### 4.4.3.2 气固复合灭火剂

锂离子电池专用气固复合灭火剂，由汽化热不超过100 kJ/kg的氟化有机材料、汽化热高于 100 kJ/kg 的氟化有机材料和负载活性氧化铝和尿素的蒙脱土作为防腐材料组成。通过优化配比，锂离子电池灭火剂具有适宜的沸点、高汽化热和高比热，兼具灭火和冷却性能，在有效、快速扑灭锂离子电池火灾的同时，可防止再燃，且灭火过程不会腐蚀电气设备[28]。灭火材料适宜的沸点有助于其在较低温度下吸收热量，有效控制火灾事件。具有高汽化热和比热的冷却材料负责控制电池热失控后的高温现象，防止热传播。这种将锂电池灭火剂分为灭火和冷却两部分的设计方法具有很高的应用价值，更符合锂电池热失控的实际情况。但是，氟化有机化合物的环境和毒理学方面需要特别注意。五氟丁烷和四氟丙醚均为轻度毒性，因此灭火剂的研究不仅应关注其灭火和冷却效果，还应考虑其环境和毒理学特性。

### 4.4.3.3　液固复合灭火剂

液固复合灭火剂由全氟己酮与非离子型含磷阻燃剂形成的油基液体灭火剂、卤化阻燃剂、卤化磷酸酯混合阻燃剂、无机和有机盐基固体阻燃剂组成。全氟己酮灭火剂在锂离子电池发生热失控时响应，采取浸没方式，具有窒息和化学抑制作用，可以快速扑灭明火，降低烟雾浓度；混合阻燃剂在起到灭火作用的同时，可以通过分解火焰中的小分子，与电池升温或燃烧后分解的自由基·H 和·OH 迅速起作用，减缓燃烧链式反应的过程，达到了抑制效果；混合固体无机或有机盐阻燃剂主要以气泡或颗粒的形式直接覆盖在电池表面，起到窒息、隔离、冷却的作用[29]。该复合灭火剂制备简单，价格低廉，对环境友好，对锂离子电池火灾具有良好的灭火效果（见图 4-7）。

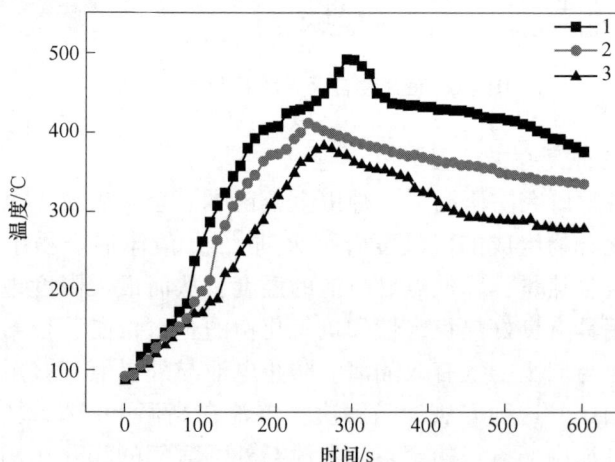

图 4-7　不同灭火剂扑灭 40 A·h 电池热失控的对比实验研究[29]

1—全氟己酮；2—全氟己酮与甲基膦酸二甲酯阻燃剂混合制成的油基灭火剂；

3—全氟己酮固液双相灭火剂

在火灾现场的实际应用中，除进一步加强全氟类化合物的连续冷却能力外，还应充分考虑灭火剂的热分解特性和热分解产物的潜在危害，这是评价全氟类化合物灭火剂防火质量的关键。含氟灭火剂受热易发生脱氟化氢反应和 C—C 断键反应，产生 $CF_3$、$CF_2$、CFO 和其他自由基，能消耗火焰中自由基，中断燃烧链式反应，热分解是其化学灭火的重要依据和途径。但 HF 等热分解产生的物质具有很强的毒性和腐蚀性，当其浓度达到一定程度时，会对被保护人员和设备造成危害，这是即使采用复合联合灭火剂也无法解决的重要问题。

### 4.4.4 微封装灭火剂

微胶囊化技术是一种利用机械或化学抑制作用，将微小的固体颗粒、液体或气体包封在高分子材料中，制成粒径为 $1 \sim 5000$ μm、在正常条件下稳定的微胶囊。高分子材料的外层通常称为外壳材料，嵌入材料称为芯材。微胶囊的直径一般在 $1 \sim 1000$ μm，壁厚一般在 $0.1 \sim 1$ μm。微胶囊化是目前最有效的小规模封装方法，其最重要的特点是可以在微米甚至纳米尺度上对材料进行封装，形成具有核壳结构的颗粒，从而大大增加了被封装材料的比表面积，它允许封装材料的固定化，减少体积变化对材料性能的影响。此外，微胶囊灭火器还能有效地封装和规范各种不同物理形态的灭火剂，大大简化了多种复合灭火器的使用和储存。F-500 是一种液体微胶囊灭火器，与细水雾相比，它在抑制锂电池热失控方面表现得更好，特别是对于 60% 荷电状态和 80% 荷电状态的电池（见图 4-8 和图 4-9)[30]。

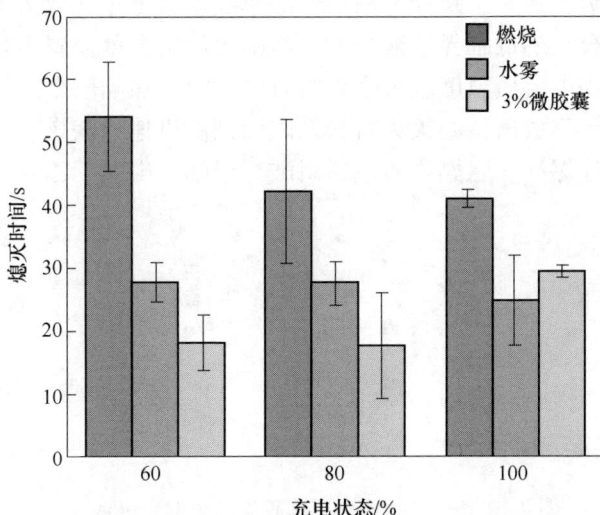

图 4-8 不同灭火剂在电池不同充电状态下的灭火时间

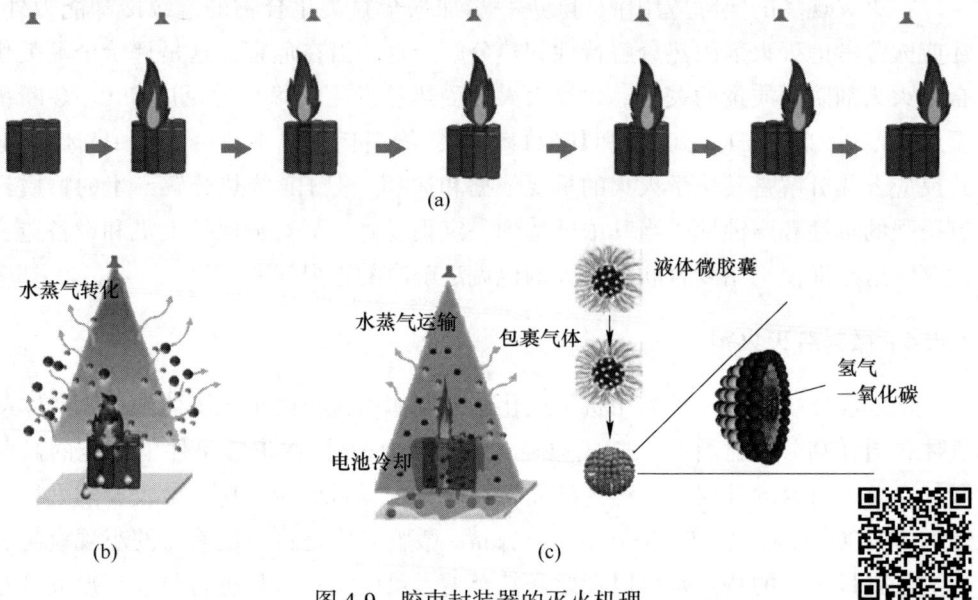

图 4-9　胶束封装器的灭火机理

（a）试验中热失控的传播过程；（b）水雾的熄灭机理（红球为氧分子，
绿球为烃类可燃分子）；（c）胶束封装器的灭火机制

图 4-9 彩图

嘉兴学院研制了一种由热敏聚合物外壳封装阻燃材料组成的微封装灭火剂（见图 4-10）[31]。热响应聚合物本身能够感知环境温度并产生有效的响应行为，在较低的临界溶解温度下，其构象发生扩展或坍塌变化。以电解质中的氧化剂为例，基态氧分子吸收热量，跃迁为高活性的单线态氧分子，成为燃烧自由基，通过调节热响应聚合物的低临界溶液温度，将临界溶解温度设置为接近电池安全窗口的温度上限。当电解质温度超过临界溶解温度时，热响应聚合物经历了一个坍缩到拉伸的转变，释放出核心灭火材料。阻燃剂能迅速捕获燃烧自由基，起到阻燃作用，防止电池爆炸。阻燃物质包括磷酸三甲酯、磷酸三乙基或磷酸三丁酯。

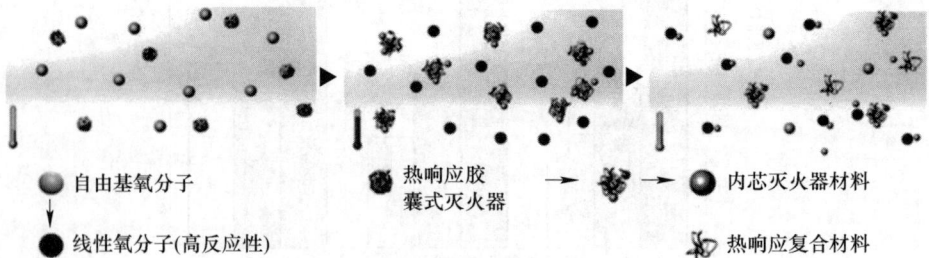

图 4-10　核-壳结构灭火剂胶囊的热响应机理[31]

美国 GFI 有限公司发明了一种核-壳结构的灭火微胶囊。微胶囊的外壳由厚度为 1~5 nm 的化合物或矿物膜（剥落蒙脱土）组成，填充有交联明胶、聚乙烯醇、尿素、间苯二酚甲醛树脂。微胶囊的稳定性和乳化性是通过使用非离子或离子表面活性剂作为稳定剂或乳化剂来实现的。这种微胶囊在低于室温和高于沸点的温度下具有长期储存和安全性能。当释放温度超过 70 ℃时，灭火剂体积迅速膨胀，导致外壳破裂并向外释放[17]。深圳市供电局将三聚氰胺脲醛树脂预聚物、明胶溶液、蒙脱土悬浮液与含氟灭火材料混合制备出新型锂离子电池微胶囊灭火剂[32]，该灭火剂包裹强度高，稳定性好，满足锂离子电池灭火剂长期储存的需要，并能释放含氟灭火剂，在高温下对火源进行灭火。华中科技大学研制了一种核壳结构的高效灭火剂，以三聚氰胺脲醛树脂为壳材，以全氟己烷和七氟环戊烷的混合物作为蒙脱土、消泡剂和灭火材料的芯材[33]。如图 4-11 所示，通过将配制好的高效灭火器装载到锂离子电池的外表面，为电池提供有效的安全保护，确保电池的消防安全。该发明能够在电池发生热失控时使高效灭火剂破裂，从而释放灭火材料，及时达到阻燃和灭火的效果。在保证有效灭火的同时，考虑到其冷却能力，能够快速扑灭和冷却锂电池火灾，有效防止电池重燃，确保用户安全。

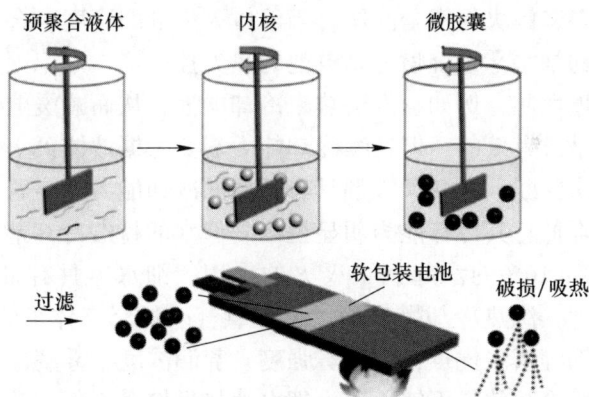

图 4-11　微胶囊灭火剂的制备和灭火机制[33]

目前微胶囊灭火剂的工作原理主要包括两种途径，即外壳材料高温分解释放核心材料、内核材料热膨胀导致外壳破裂并随之释放。考虑到温度的快速升高与热失控现象相关，及时释放堆芯灭火剂是达到理想灭火浓度的必要条件。堆芯材料不仅要迅速突破外壳，而且要能够在不受控制的环境中迅速分散，从而达到有效的灭火效果。

微胶囊灭火剂的核心成分主要负责实现有效的灭火和冷却效果。由于制造工艺复杂，目前微胶囊内堆芯灭火剂成分单一，无法同时满足电池热失控点火和传播不同阶段的不同冷却要求。因此，在性能方面仍有改进的余地。

### 4.4.5　不同类型灭火剂的比较分析

锂离子电池火灾与传统火灾的不同之处在于，它在电池内部含有大量的化学能，热失控反应自发地继续进行，火灾极容易重新点燃。理想的锂离子电池灭火剂既需要能够扑灭电池火灾、冷却电池，又需要能够吸收 HF 等有毒气体和 $H_2$、CO 等易燃易爆的气体。电池热失控后灭火剂的作用过程分为冷却阶段、快速升温阶段和缓慢降温阶段。在冷却阶段，灭火剂主要起到相变吸热和化学屏障两种作用，通过灭火剂物理形态的变化直接将电池产生的热量带走，而化学屏障则通过阻断化学反应间接减少热量的产生。在快速升温阶段，电池温度从一个非常小的值迅速上升到一个峰值。由于灭火剂不能完全阻止电池内部的分解反应，且大多数灭火剂的冷却效果较差，不同灭火剂在释放后甚至在释放过程中，电池温度几乎呈垂直上升趋势，电池温度在短时间内达到峰值。缓慢降温阶段一般需要较长的时间，热量的积累将导致进一步的热失控反应，因此提高峰值温度降低的速度是阻止锂离子电池热失控和热扩散的必要条件。

虽然大多数锂离子电池灭火剂研究都认为液体灭火剂能快速降温并有效灭火，但仍存在许多未解决的安全问题。当液体灭火剂的滴度在合适范围内时，液滴通过携带动能的细水雾系统喷射到电池的热失控火焰中以熄灭火焰，然后利用液体灭火剂的物理性质，例如蒸发潜热来冷却电池，从而减缓电池内部的化学反应。液体灭火剂是最有效的，但持续冷却能力需要根据液体灭火剂的黏度、表面张力和流变性能来判断。水基灭火剂具有良好的冷却能力，随着灭火剂用量的增加和喷射流量的降低，其冷却能力明显提高。但水的持续冷却能力较差，对于 A 类火灾，只有 5% ~ 10% 的水起到了灭火的作用。细水雾具有良好的电绝缘性，以及气相冷却机理、湿热冷却燃烧面、稀释氧气、稀释气体可燃物、影响火焰、减少热辐射、除烟等诸多优点，但喷雾强度、雾滴浓度、雾滴体积等都会影响细水雾的灭火性能，冷却效果不够。因为锂电池热失控会不断释放气体，所以细水雾的窒息效果也减弱了。此外，在电池表面黏附力强的灭火剂持续冷却能力更强，而水凝胶灭火剂在持续冷却方面的优势在于具有吸附有毒气体的能力。因此，利用温度敏感型水凝胶，有希望设计出一种在不同温度下具有不同物理状态的水凝胶灭火剂，在达到特征温度前通过蒸发潜热以液态形式迅速灭火，在达到特征温度后形成胶体形式，有效冷却电池并及时吸收热失控过程中释放的有毒有害气体。

气体灭火剂的灭火机理是通过化学抑制作用窒息和中断链式反应，冷却能力较弱。由于锂电池火灾属于深部火灾，热失控会释放出大量气体，使气体灭火剂难以进入电池内部，因此在抑制锂电池热失控时，气体灭火剂可以有效地扑灭火焰，但不能阻止锂电池内部反应的继续，容易导致锂电池的再着火。全氟己内酯是锂离子电池常用的气体灭火剂，具有不导电、冷却效率高、清洁等优点，然而，它的持续冷却能力不足，并且需要在灭火外壳中设置特定条件。七氟丙烷和全氟己酮已被证明在灭火方面是有效的，但电池内部仍会发生剧烈的链分解反应。因此，建议只有在解决了重新点燃的易感性之后才停止灭火剂喷洒，当接近灭火时，建议尽早使用并持续喷洒，以防止再次点燃。然而，15 MPa 的二氧化碳全驱灭火效果不明显。由于气体灭火剂是全氟己酮与液体、固体组合的灭火剂，需要注意的是，即便如此，全氟己酮高温下也会分解有毒气体，且复合灭火剂的工作流程更为复杂，这将使全氟己酮复合灭火剂面临另一个挑战。

以水基灭火剂为基准，对十种不同的灭火剂在灭火、快速冷却、持续冷却、气体吸附和低电导率五个方面的性能进行了比较分析（见图4-12）。固体灭火剂的灭火机理以化学抑制为主，但冷却能力普遍较差。干粉灭火剂能初步扑灭明火，但不能阻止再燃；气溶胶灭火剂可以在热失控初始阶段阻止热量的传播，但实验研究较少。因此，锂离子电池固体灭火剂并不适合作为电池热失控事故的唯一灭火剂。固体灭火剂虽然是可以快速冷却、使用方便的便携式灭火器，但持续冷却能力较差，对现场能见度影响较大，会影响现场救援和逃生的顺利开展。

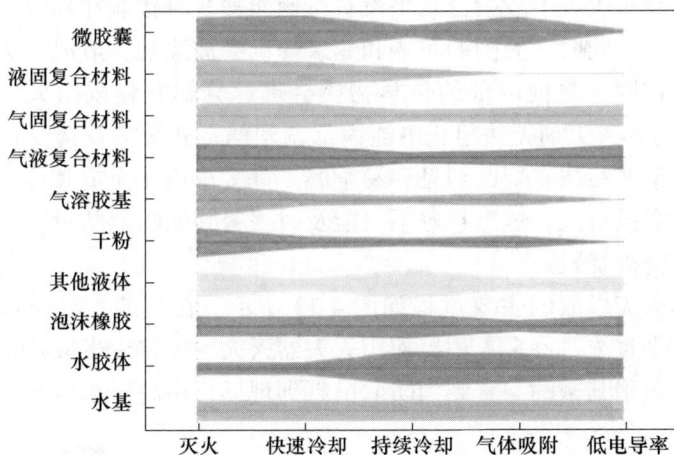

图 4-12 不同的灭火剂在五个维度上与水基灭火剂的比较

目前的锂电池灭火剂的研究主要是解决电动汽车动力电池的热失控问题，对大型储能电站的消防安全涉及较少。应进一步拓宽事故场景范围，分析储能电站电池事故与电动汽车电池事故的异同，针对储能电站等其他电池安全场景开发有效的灭火剂和灭火系统。

# 4.5　火灾实例分析

尽管关于锂离子电池的各种标准不断更新、迭代和改进，但电池的安全性还远未达到理想状态。用于电动汽车和储能的锂电池火灾事故频发，造成了巨大损失，引起了社会的关注。

## 4.5.1　电动汽车的火灾事故

随着电动汽车的增加，火灾事故也在增加。随着天气的变暖，涉及电动汽车的火灾事故将会增加。电动汽车火灾事故发生概率在夏季最大，冬季逐渐降低。此外，据报道，大多数火灾事件发生在中国南方，如杭州、广州、深圳等地，其主要原因可能与南方地区电动汽车数量多、普及率高有关，而且南方地区更容易出现高温天气。

引发电动汽车火灾事故原因很多，有的电动汽车在行驶过程中突然冒烟起火，有的发生在充电过程中，还有的是由车辆碰撞造成的，碰撞等机械作用引起的车辆火灾事故比例不高，而充电、停车、行驶过程中发生事故的概率高达87.65%。电动汽车电池热失控的主要原因是电滥用或电池老化和镀锂引起内部短路。在电动汽车火灾事故中，几乎没有车辆能被及时救起并扑灭，几乎所有车辆都被完全烧毁。同时，周围的车辆和建筑物也会被波及，造成巨大的损失。当电池发生热失控时，电池内部的化学物质会迅速分解并释放出大量的热量，然而，$CO_2$、干粉等灭火剂无法阻止电池内部剧烈的链式分解反应。因此，涉及电动汽车的火灾事故往往燃烧剧烈且容易重燃。许多车辆在充电和停车时起火，此时车辆周围通常没有人，这意味着不可能及时报警并通知消防员，从而导致周围的车辆和建筑物被烧毁。

电动汽车火灾事故的主要过程如图4-13所示。在初期，电池通常会先冒出白烟，然后越来越浓。许多人积极使用灭火器灭火，以减少事故造成的灾难，但灭火的效果是微乎其微的。直到消防队员赶到现场，用高压水枪向列车上喷水降

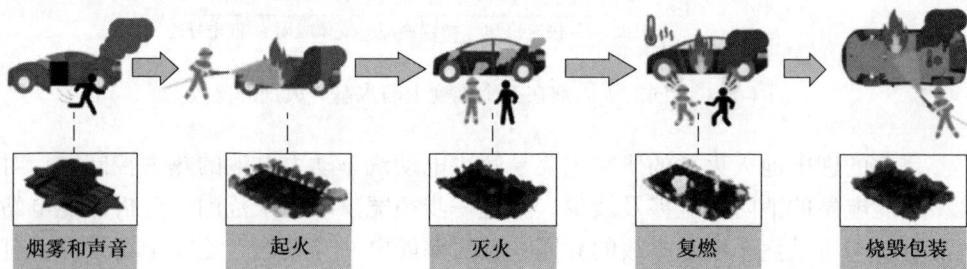

| 烟雾和声音 | 起火 | 灭火 | 复燃 | 烧毁包装 |

图4-13　一起电动汽车火灾事故的主要过程[34]

温，火势才被有效扑灭。但明火扑灭后，车辆会重新点燃，给扑救带来很大困难，一些经验丰富的消防队员会将车辆掀翻，用破壁工具将电池组外壳破开，然后直接向电池组内喷洒冷却水进行冷却，该方法在处理涉及电动汽车的火灾事故中非常有效。

### 4.5.2 储能电站火灾事故

随着锂离子电池在储能电站中的大规模应用，其防火安全性越来越受到人们的关注，储能电站的火灾事故损失远远大于电动汽车。近年来储能电站锂离子电池装机容量不断增加，火灾事故也逐渐增多。在储能方面，中国主要使用磷酸铁锂电池，而其他国家采用三元锂电池。中国发布了北京某储能电站火灾爆炸事故调查报告，据报道，火灾的直接原因是南楼锂离子电池发生内部短路故障，电池热失控起火，北楼爆炸的直接原因是南楼事故所产生的易燃易爆组分通过地下电缆槽进入北楼储能室并发生扩散，与空气混合形成爆炸性气体，经电火花引燃发生爆炸。2022 年 4 月 18 日美国亚利桑那州某储能电站发生了火灾事故，该储能项目中有 3200 多个电池，总储能容量为 40 mW·h。火灾事故发生后，电站燃烧了 5 天，浓烟不断冒出，不仅造成了巨大的损失，而且严重影响了周边环境。储能电站发生火灾事故造成的损失往往高达数千万美元，并产生大量的环境污染。而且，一旦储能电站发生火灾事故，其火灾救援难度远远大于电动汽车，消防人员扑灭火灾往往需要数天时间，耗费的人力、物力巨大。

不同的储存形式对储能事故的影响是不同的。大多数储能电站将电池储存在露天的容器中，有些人将电池储存在建筑物的储能柜中。一旦建筑物发生火灾事故，失效电池释放的有毒、可燃、易爆气体容易在房屋内积聚，可能会加剧火灾事故的危险性，增加灭火的难度。采用露天集装箱的储能电站更容易受到天气等环境因素的影响，增加了事故率。虽然导致储能安全事故的因素很多，如电池管理系统、电缆线束、运行环境、安全管理等因素，但首要原因还是电池本身。当发生火灾事故时，储能电站处于正常运行状态。锂电池在充放电过程中，由于自身缺陷、镀锂、老化、内部短路等原因，可能会影响电池的热稳定性，进而影响电池组的安全性。由于电池之间的不一致性，巨大的电池数量也给电池管理系统带来了巨大的测试负担。

### 4.5.3 锂离子电池火灾的防控策略

从上面的分析可以看出，电动汽车和储能电站的火灾事故一般都是由锂离子电池的热失控引起的。在火灾事故的初期，锂离子电池会冒出白烟，然后被点燃。火势迅速蔓延，导致周围电池发生热失控，不断冒出大量浓烟，并伴有爆炸。消防队员到达后，通常会用大量的冷却水喷雾来扑灭和冷却火势，火势可以得到控制。不同的是，着火的电动汽车可以在几分钟内完全燃烧，但储能电站中大量的蓄电池为火焰燃烧提供了充足的能量。对于大型储能电站，整场大火往往持续数十小时，甚至数天。目前，储能电池的安全问题在电动汽车电池中更为突出。单辆电动汽车所需的消防用水可能达到 100 t，而大型储能电站所需的消防用水可能高达 5000 t，喷洒这些水进行冷却往往需要数天时间。随着电池储能系统规模的扩大，火灾事故造成的损失也在不断增加。一辆电动汽车的损失可能高达数万美元，而一个储能电站的损失则高达数百万美元。

安全标准是保证电池安全的重中之重，按照标准生产的产品即为合格产品。安全标准对提高锂离子电池及其系统的安全性起着至关重要的作用。然而，目前的安全标准还存在一些不足。根据对火灾事故的调查和分析，Zhang 等[34] 提出了四点更新相关标准的建议，以提高电池的安全性，降低火灾事故的发生概率。

（1）电池热失控设计预警和云报警。在充电过程和充电后的静态过程中，发生火灾事故的概率很大。此时，电池系统通常处于高荷电状态，温度相对较高，有必要加强对潜在热失控原因的早期发现和预警。同时，还需要对电池系统关键位置的温度和气体状态进行监测，为单体电池提供准确的预警，提醒人们及时撤离并拨打火灾报警电话。目前，大多数相关的电池安全标准对电池本身的滥用进行了规范。电池系统的安全管理标准很少，热失控警报和火灾云警报也缺乏标准。因此，制定这些标准将是未来一项重要的任务。

（2）无火电池组的创新结构设计能够有效延缓锂离子电池的热失控传播，延长救援时间。在许多情况下，当单个电池发生热失控时，高温颗粒可以燃烧穿过电池组的外壳，氧气和电池故障产生的可燃电解质气体完全混合并燃烧。加强电池组的结构设计是一个有效的手段。图 4-14 为无火蓄电池组的结构设计。通过合理设计防火罩、隔热片、冷却系统、防爆阀等，加强电池包的隔热散热功能，延缓热失控传播，防止电池包壳被烧穿。此外，高压系统热失效时产生的电弧会破坏预设的热失控传播保护对策。因此，在未来的标准中应该更加强调弧线问题。此外，大多数标准仅将整个电池组的不着火、不爆炸场景作为评估要求，缺乏对电池组外壳的强度测试，有必要在标准中对电池组的结构和耐火性进行限制和规范。

（3）电池组消防注水接口的设计。电池组位于车辆底部，具有一定的防水设计。常规的外部喷涂措施很难到达电池组内部发生热失控的电池，这增加了消防员灭火的难度。在实际的灭火过程中，经验丰富的消防员可能会将车辆掀翻，打破电池组，然后向电池组喷水降温。因此，有必要对电池组乃至车身的结构进行改进。图 4-15 给出了可与消防水枪相连的消防接口的设计思路。明火扑灭后，可将消火栓直接连接消防接口，对电池组内部进行冷却。同时，通过该模型可以模拟向电池组内喷水的过程，从而设计出最优的电池组结构。目前，针对电动汽

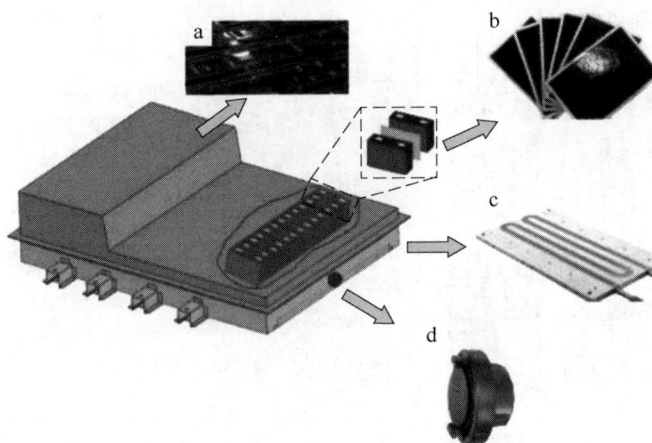

图 4-14 无火蓄电池组的结构设计
a—高强度上盖；b—隔热材料；c—冷却系统；d—防爆阀

车的消防安全标准很少，难以对消防过程进行指导。在电池组上安装防火接口可以有效降低温度、扑灭火灾，是处理电动汽车火灾事故的有效途径。

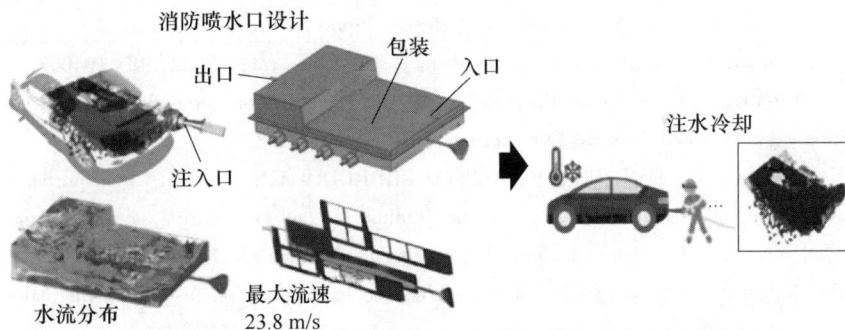

图 4-15 电动汽车可与消防水枪相连的消防接口的结构设计

（4）储能电站的消防设计。根据现有的涉及储能电站的火灾事故可以发现，一旦发生火灾事故，现有的灭火措施未必有效。整个灭火过程要消耗大量的冷却水，而且，消防队员喷出的冷却水不能充分作用于热失控电池，造成大量的水分流失，是对水资源的浪费。因此，有必要完善储能电站的消防措施。图 4-16 提供了一种沉浸式储能电站消防设计。将储能容器放置在深坑或低洼地区，当发生火灾时，消防员可以直接向深坑内注入冷却水，使容器浸入水中，降低温度，大大节约水资源。此外，这些容器可以被分组成坑，当一个容器着火时，将水倒入坑中，既提高了灭火效率，又减少了对其他容器的冲击，从而减少了事故损失。

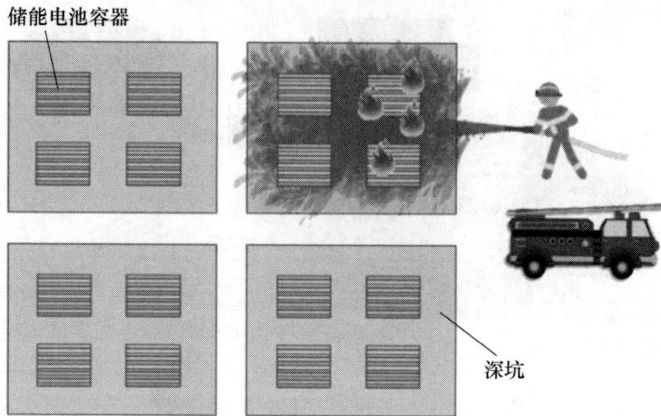

图 4-16　储能电站的消防设计

# 参 考 文 献

［1］ FENG X, LU L, OUYANG M, et al. A 3D thermal runaway propagation model for a large format lithium ion battery module ［J］. Energy, 2016, 115: 194-208.

［2］ KE Q, LI X, GUO J, et al. The retarding effect of liquid-cooling thermal management on thermal runaway propagation in lithium-ion batteries ［J］. Energy Storage, 2022, 48: 104063.

［3］ XU J, LAN C, QIAO Y, et al. Prevent thermal runaway of lithium-ion batteries with minichannel cooling ［J］. Applied Thermal Engineering, 2017, 110: 883-890.

［4］ MOHAMMED A H, ESMAEELI R, ALINIAGERDROUDBARI H, et al. Dual-purpose cooling plate for thermal management of prismatic lithium-ion batteries during normal operation and thermal runaway ［J］. Applied Thermal Engineering, 2019, 160: 114106.

［5］ YANG X, DUAN Y, ZHANG Z, et al. An experimental study on preventing thermal runaway propagation in lithium-ion battery module using aerogel and liquid cooling plate together ［J］. Fire Technology, 2020, 56: 2579-2602.

［6］ RUI X, FENG X, WANG H, et al. Synergistic effect of insulation and liquid cooling on mitigating the thermal runaway propagation in lithium-ion battery module ［J］. Applied Thermal Engineering, 2021, 199: 117521.

［7］ WILKE S, SCHWEITZER B, KHATEEB S, et al. Preventing thermal runaway propagation in lithium ion battery packs using a phase change composite material: An experimental study ［J］. Power Sources, 2017, 340: 51-59.

［8］ NIU J, DENG S, GAO X, et al. Experimental study on low thermal conductive and flame retardant phase change composite material for mitigating battery thermal runaway propagation ［J］. Energy Storage, 2022, 47: 103557.

［9］ WENG J, XIAO C, OUYANG D, et al. Mitigation effects on thermal runaway propagation of structure-enhanced phase change material modules with flame retardant additives ［J］. Energy,

2022, 239: 122087.

[10] ZHANG W, LIANG Z, YIN X, et al. Avoiding thermal runaway propagation of lithium-ion battery modules by using hybrid phase change material and liquid cooling [J]. Applied Thermal Engineering, 2021, 184: 116380.

[11] FENG X, HE X, OUYANG M, et al. Thermal runaway propagation model for designing a safer battery pack with 25 Ah $LiNi_xCo_yMn_zO_2$ large format lithium ion battery [J]. Applied Energy, 2015, 154: 74-91.

[12] HU Y, MEI R, AN Z, et al. Silicon rubber/hollow glass microsphere composites: Influence of broken hollow glass microsphere on mechanical and thermal insulation property [J]. Composites Science and Technology, 2013, 79: 64-69.

[13] CAO J, LING Z, LIN S, et al. Thermochemical heat storage system for preventing battery thermal runaway propagation using sodium acetate trihydrate/expanded graphite [J]. Chemical Engineering Journal, 2022, 433: 133536.

[14] LIN S, LING Z, LI S, et al. Mitigation of lithium-ion battery thermal runaway and inhibition of thermal runaway propagation using inorganic salt hydrate with integrated latent heat and thermochemical storage [J]. Energy, 2023, 266: 126481.

[15] LI L, FANG B, REN D, et al. Thermal-switchable, trifunctional ceramic-hydrogel nanocomposites enable full-lifecycle security in practical battery systems [J]. ACS Nano, 2022, 16 (7): 10729-10741.

[16] ISMAIL H, PASBAKHSH P, FAUZI M N A, et al. Morphological, thermal and tensile properties of halloysite nanotubes filled ethylene propylene diene monomer (EPDM) nanocomposites [J]. Polymer Testing, 2008, 27: 841-850.

[17] WANG K, OUYANG D, QIAN X, et al. Early warning method and fire extinguishing technology of lithium-ion battery thermal runaway: A review [J]. Energies, 2023, 16: 2960.

[18] 厦门一泰消防科技开发有限公司. 一种锂离子电池灭火剂及其制备方法: 201910710625. X[P]. 2019-08-02.

[19] 南京工业大学. 抑制锂离子电池火灾的非导电型超细水雾灭火剂及制备方法: 202010736166. 5[P]. 2020-07-28.

[20] ZHOU Y, WANG Z, GAO H, et al. Inhibitory effect of water mist containing composite additives on thermally induced jet fire in lithium-ion batteries [J]. Journal of Thermal Analysis and Calorimetry, 2022, 147: 2171-2185.

[21] 摩力方科技（北京）有限公司. 一种锂离子电池水基灭火剂和制备方法: 202010456534. 0[P]. 2020-05-26.

[22] 北京理工大学. 一种锂离子电池用低导电率水基灭火剂和制备方法: 202210940189. 7 [P]. 2022-08-05.

[23] 徐州克林斯曼安防科技有限公司. 一种适用于锂离子电池灭火剂的生产方法: 202111581631. 3[P]. 2021-12-22.

[24] 北京理工大学. 一种锂电池用全氟己酮乳液灭火剂及其制备方法: 202210800418. 5[P]. 2022-07-06.

［25］华南理工大学. 一种水合无机盐干粉灭火剂及其在抑制锂离子电池热失控传播中的应用：202210650134.2［P］. 2022-06-09.

［26］RIVERS P. Advancement in sustainable fire suppression development $C_6$F-etone：A novel new Halon replacement alternative to HFCs and PFCs ［C］//Proceedings of Halon Options Technical Working Conference. Albuquerque：3M Specialty Materials Division，2001.

［27］中国电力科学研究院有限公司，国家电网有限公司. 一种锂离子电池复合灭火剂：201810758738.2［P］. 2018-07-11.

［28］深圳供电局有限公司. 锂离子电池灭火剂及其制备方法与应用：202110453115.6［P］. 2021-04-26.

［29］东方电气集团科学技术研究院有限公司，东方电气股份有限公司. 一种复合阻燃剂的全氟己酮乳液灭火剂及其制备方法：202110383304.0［P］. 2021-04-09.

［30］YUAN S，CHANG C，ZHOU Y，et al. The extinguishment mechanisms of a micelle encapsulator F-500 on lithium-ion battery fires ［J］. Energy Storage，2022，55：105186.

［31］嘉兴学院. 适用于锂离子电池的热响应核壳结构灭火剂及其制备方法：201910536308.0［P］. 2019-06-20.

［32］深圳供电局有限公司. 锂离子电池微胶囊灭火剂及其制备方法与应用：202110452504.7［P］. 2021-04-26.

［33］华中科技大学，南京消防器材股份有限公司. 一种高效灭火剂及消防安全灭火工艺：202110302290.5［P］. 2021-03-22.

［34］ZHANG J，FAN T，YUAN S，et al. Patent-based technological developments and surfactants application of lithium-ion batteries fire-extinguishing agent ［J］. Journal of Energy Chemistry，2024，88：39-63.

# 5 基于人工智能的电动飞机电池管理系统

电池动力推进系统的应用能够解决航空引起的二氧化碳排放。然而，由于设计和制造的因素，在滥用操作和特殊环境下，锂离子电池的安全性和可靠性无法保证。因此，有效的电池管理系统是电动飞机电力推进系统的重要组成部分，对电池状态的评估和预测至关重要。然而，由于数据源的稀缺性、计算的复杂性和适航认证过程中的模糊性，人工智能在电动飞机电力推进系统中的应用仍然存在很大的不确定性和障碍。通过分析现行的适航审定规定，发现当前的技术水平不足以满足未来电动飞机电池管理中采用数据驱动方法的关键问题，包括人工智能安全风险评估和学习保证。2015~2024 年，关于人工智能主题在电池状态估计中的应用的研究有所增加，特别是在充电状态和健康状态方面。然而，作为电动飞机中电池管理系统最重要的功能之一，智能技术在功能状态和功率状态预测中的应用研究很少，仅占该领域研究总量的不到 1%。

## 5.1 人工智能的特点

电池动力推进系统的应用是解决飞机化石燃料燃烧造成的空气污染和全球变暖的有力途径。与其他电池技术相比，锂电池具有较高的能量密度，是电动飞机电力推进系统中主要的电力来源。然而，目前大型锂离子电池组的安全难以得到保障。因此，电池管理系统是开发电池供电的电子设备不可或缺的。具体来说，在锂离子电池中，发热和老化两大危险源威胁着储能系统的安全运行。因此，电池管理系统对确保系统在任何应用中的安全性和可靠性至关重要。电池管理系统，特别是在电动飞机和混合动力飞机中，是预测和防止危险源被激活，降低飞行整体风险的最重要的安全机制。

无论采用何种策略，对服务于电动飞机的电池管理系统来说，选择一种准确的实施方法是一个挑战。无论是在电化学模型还是等效电路模型中，都有一些缺点。例如，在等效电路模型中，使用了通过实验室测量参数化的无源电气元件，由于实验测试仅在不同温度和荷电状态下进行，没有考虑电池循环所产生的不同健康状态和老化效应，因此，数据驱动方法被认为是克服不准确性的一种解决方案。在基于数据驱动的方法中，电池被视为一个黑匣子，同时使用人工智能和机器学习方法，应用大量数据来学习和估计电池的内部动态。数据驱动的监督学习方法可以在不使用任何物理模型的情况下将输入数据映射到输出数据，映射非线性电池特性的能力是神经网络等智能方法的一个重要特征。此外，智能算法在准确率和效率方面都有更好的表现。然而，利用这些电池管理系统仍然存在很大的不确定性。数据的多样性、结构的适宜性、输入特征的类型、参数优化和计算的复杂性，特别是在飞机飞行的情况下，在审定过程中缺乏足够的适航要求。最近的挑战主要是关于人工智能的可信度，包括学习保证和安全风险评估。此外，考虑到电动飞机的实际工况和安全评估要求，智能技术的具体要求也没有得到充分的研究和讨论。虽然人们承认利用人工智能可以有效地提高航空安全，但飞机设计和生产的初始认证流程尚未完善。

## 5.2　人工智能的应用现状

虽然，目前的适航认证法规目前不鼓励在电池管理中使用数据驱动的方法，但科研人员对机器学习在各种应用和状态估计中的使用展现了极大兴趣。采用人工智能技术的不同移动和固定设备的经验可用于提升电动飞机和混合动力飞机的安全性和可靠性。

### 5.2.1　神经网络

神经网络（NN）方法具有形成非线性映射来演示复杂非线性模型的出色能力，人工神经网络具有自学习、联想记忆和高速探索最优解的能力。近年来，为了提高计算能力，基于神经网络的方法越来越多地应用于电池管理策略中。Chemali 等[1]提出了一种使用具有长短期记忆的递归神经网络准确估计锂离子电池充电状态的方法，该方法可以及时预测充电状态，而无需使用任何类型的电池模型、滤波器或推理系统。Sun 等[2]开发了一种基于神经网络的速度预测器，利用历史数据预测驾驶行为，这种方法可以用来促进混合动力飞机的能量管理。Chaoui 等[3]利用动态驱动循环网络建立了一种技术，该技术不需要任何模型，也不需要识别电池内部参数，而是使用电池的电压、充放电电流和环境温度来进行充电状态和健康状态的共估计。这种在线分析的优点是简单和鲁棒性，使其适合在电池管理系统中使用。电池的老化评估对电池系统运行的可靠性和安全性至关重要。基于运行数据集的径向基函数神经网络模型可以反映电池的老化程度及其影响因素之间的关系。She 等[4]引入增量容量分析和径向基函数神经网络模型进行电池老化评估。Chang 等[5]提出了一种基于增量容量和小波神经网络与遗传算法融合的在线方法来估计电流放电下的健康状态。

### 5.2.2　深度学习和长短期记忆

深度学习方法的改进导致了解决高度复杂非线性问题的新数据驱动方法的激

增。Ren 等[6]提出了一个使用深度学习的锂离子电池规则学习预测框架，该框架包括三步：第一步是特征提取，从原始数据中提取充放电过程中的特征；第二步是由自编码器模型进行特征融合；第三步是将融合的特征输入深度神经网络模型中，以预测锂离子电池的剩余使用寿命，最后，输出预测结果。实验结果表明，与线性回归、贝叶斯回归和支持向量机相比，该方法的结果更加准确。Li 等[7]利用具有长短期记忆能力的递归神经网络，开发了锂离子电池在实际工作情况下的容量估计模型，长短期记忆可以随尺寸变化而工作，满足需求，并减少处理工作量。这种方法的优点是能够在输入数据较少、存在系统噪声或传感器错误的情况下工作。Che 等[8]开发了一种使用迁移学习和递归神经网络相结合的方法来预测在线模型校正后的剩余使用寿命。使用迁移学习的原因是通过迁移源数据的最大有用信息来提高估计精度，事实上，迁移学习技术可以通过迁移最相关的数据来提高准确性并减少计算负荷。近年来，迁移学习成为所有智能技术中被重复次数最多的关键词。

### 5.2.3 机器学习

对电池进行精确的建模和状态估计，可以保证电池运行的安全性和可靠性。随着机器学习方法等数据驱动算法的发展，通过提高学习能力，充电状态测量的准确性取得了重要的进步。Chandran 等[9]提出了一种充电状态的估计方法，采用六种机器学习算法，包括人工神经网络、支持向量机、线性回归、高斯过程回归、集成学习法（bagging 和 boosting 方法）。误差分析结果表明，基于均方误差和均方根误差的人工神经网络是最好的方法。在另一项关于高保真老化数据集生成优点的研究中，Tang 等[10]提出了一种误差为 1%、实验时间减少高达 90% 的机器学习方法。在这项研究中，将工业数据与快速跟踪老化测试相结合，应用基于迁移的机器学习，可以获取高质量的电池老化数据集。

## 5.3　电池管理系统在电推进系统中的作用

电池管理系统是一个负责监测电池运行安全和效率问题的系统。换句话说，电池管理系统旨在通过测量、控制和报告来预测故障并预防事故。电池管理系统设计考虑的因素包括电池特性、系统环境和功能需求。电池管理系统的主要功能有：（1）通过测量电压、电流和温度来监测电池；（2）对充电状态、健康状等进行评估和估计；（3）防止过热、过流和过电压；（4）数据通信在电池组和其他系统之间；（5）电磁干扰保护；（6）电池充放电管理。

飞机水平功能所涉及的系统是电动飞机机箱中的电动飞机电力推进系统。电动飞机电力推进系统由能量存储装置、电动机和电力电子设备组成，系统级要求决定了这些子系统的性能要求，这些子系统来源于飞机级。因此，根据系统级需求，能量存储装置单元的需求主要集中在电池热、充电、平衡、安全、老化和故障管理等方面。为了实现电池管理系统所需的功能，并为执行确定的功能提供足够的信息，电池建模、状态估计和预测是实施数据采集和分析的必要条件[11]。图 5-1 显示了通过数据采集分析启动电池管理功能的前提条件和状态估计的性能。

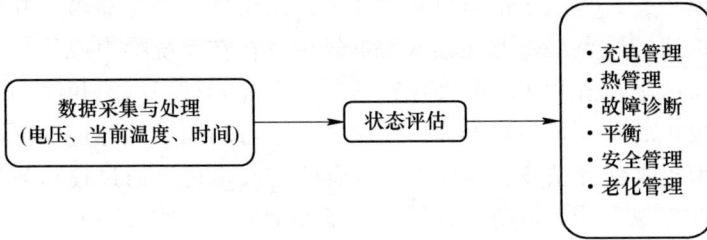

图 5-1　采用了分层结构的先进电池管理技术的示意图[11]

### 5.3.1　状态评估

电池管理系统旨在通过提供状态指标来满足安全操作要求。电池管理系统状态估计指标可以通过基于模型和数据驱动的方法得到。基于模型的方法，无论是等效电路模型还是电化学模型，都可以受益于智能算法来准确预测电池参数和状态估计。Chen 等[12]提出了一种基于包容性等效电路模型的电池荷电状态估计方法，利用神经网络在线评估电池模型中的不确定性。Chun 等[13]提出了一种神经网络结构，可以实时检测电化学锂离子电池模型的参数，从而揭示电池的电化学状态并阐明锂电池充放电过程中的微观结构变化。电化学模型也用于功率或功率状态的预测，如图 5-2 所示，智能方法可实现各种状态的估计。

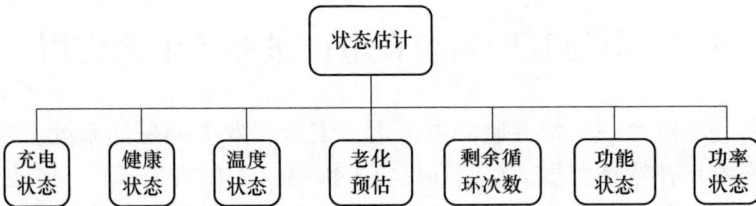

图 5-2　智能方法支持的状态估计

### 5.3.1.1　充电状态

动力电池的充电状态是电池状态的重要标志，准确估算锂电池充电状态是电池管理的基础。监测充电状态有助于有效高效地使用电池，避免过充/过放电以提高安全性并延长电池使用寿命。精确的充电状态评估可以解决锂离子电池中的重要问题,如老化和威胁电池安全的危害。

### 5.3.1.2 健康状态

健康状态定义了电池老化的程度,可以用容量损失或电阻增加来描述。电池在使用过程中性能会下降,当现有最大充放电容量达到初始容量的80%时,需要更换电池。准确的健康状态估算对于在电池容量完全耗尽之前利用电池容量使用寿命而不危及安全至关重要。健康状态估算的准确性对安全至关重要,因为充电状态估算也受到健康状态变化的影响。因此,电池系统的安全性和储能系统的运行效率与健康状态估算精度息息相关。电池容量是估算健康状态的重要因素。

### 5.3.1.3 剩余使用寿命

剩余使用寿命表示电池单元满足其性能要求的剩余负载循环次数。健康状态是剩余使用寿命计算和确定的基础,实时预测剩余使用寿命是电池管理系统的一个重要功能。为了探明电池是否接近寿命结束,Patil 等[14]提出了一种使用向量回归从电压和温度曲线中提取关键特征的方法来预测准确的剩余使用寿命并对不同工况下锂离子电池的循环数据进行分析,该方法与多阶段法相结合能准确无误同时对多个电池进行剩余使用寿命预测。

### 5.3.1.4 温度状态

电池的特性随温度的变化而变化,因此,估算锂离子电池组内外部的温度是至关重要的。使用电化学热模型能够模拟锂离子电池化学反应产生热量的情况,如反应表面的过强化、电极的欧姆损失、固体电解质界面中的离子传输及充放电过程中的熵。Feng 等[15]开发了一种电化学-热-神经网络模型,用于估算环境温度为$-10\sim40$ ℃和放电速率为10C 时的堆芯温度和终端电压。在该研究中,卡尔曼滤波器与电化学-热-神经网络相结合消除了初始误差,实现了充电状态和温度状态的准确预测。

### 5.3.1.5 老化和退化预测

电池的老化状态对电池的性能影响很大。因此,为了保证储能系统高效、可靠、安全运行,需要对电池的老化程度进行有效监测。Liu 等[16]开发了一种用于老化程度预测的机器学习方法,采用高斯过程回归技术捕获容量、存储温度和充电状态之间的主要映射,预测结果令人满意,均方根误差小于0.0105。此研究的一个特点是利用来自九个存储案例的老化程度数据进行模型训练、验证和比较,而不是使用来自单一条件的数据。

### 5.3.1.6 功能状态

功能状态反映了电池性能满足实际负载需求的程度,它是预测最大瞬时输出能力和在定义安全操作条件下运行的指标,如电压限值、电流限值和充电状态限值。欧阳等[17]提出了模糊逻辑控制算法来评估电池组的功能状态,充电状态、温度和电化学反应速率被认为是输入变量。然而,该方法可以添加其他输入量,如健康状态、电池内阻和循环寿命，以提高准确性。

#### 5.3.1.7　功率状态

功率状态是指短时内峰值功率或最大连续功率与额定功率的比值。功率状态得出的精准评估可以确保电池的性能稳定和更长的寿命。Wei 等[18]在考虑电池电压和电流限制的情况下，开发了一种基于等效电路模型的参数识别极值搜索算法来预测功率状态，同时使用电压和电流作为输入变量，可以确保电池在安全的工作范围内使用。该方法的简单性和数值稳定性使其适合于实时电池管理的应用。2015～2024 年，智能算法被广泛应用于评估电池状态的基本指标，如充电状态和健康状态。虽然智能技术在分析功能状态中的应用是电池管理系统最重要的功能之一，但尚未引起足够的重视。对于电动飞机来说，功能状态和功率状态为飞行员在飞行前或飞行过程中提供有价值的决策信息。

### 5.3.2　故障的诊断、预测和控制

储能系统的安全性和可靠性在很大程度上影响着电池供电应用的安全运行，如图 5-3 所示，电池管理的一个重要功能是故障的诊断、预测和控制。

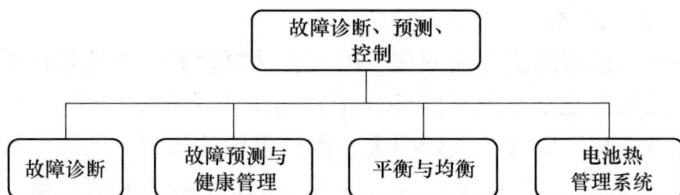

图 5-3　智能方法支持电池管理系统安全功能示意图

#### 5.3.2.1　故障诊断

故障诊断是故障管理的第一步，它也被认为是基于状态维护的第一阶段。基于状态的维护是一种预防性维护策略，在实施维护任务之前，需要不断评估部件或系统的性能。如果电池管理系统配备了精确智能的故障诊断方案，就可以保证电力系统的安全。当一个小故障最终可能导致严重问题时，它就变得更加重要。机械和操作条件的滥用可能导致内部短路，这是锂离子电池热失控的主要原因。Naha 等[19]提出了一种基于机器学习方法的随机森林分类器内部短路实时检测方法，结果的准确率在 97% 以上。此研究的一个特点是该算法不影响设备的正常运行，训练后的模型可以应用于任何设备进行在线故障诊断。传感器故障是另一种可能导致电池管理系统功能恶化的情况。Lee 等[20]提出了一种深度学习算法来预测来自传感器的不可靠数据，传感器单元电压、电流和充电状态是卷积神经网络模型的输入参数。该模型可以在本地服务器或云计算平台上执行。

#### 5.3.2.2 故障预测与健康管理

故障预测与健康管理可以在故障发生之前控制故障风险。如果发生故障，故障预测与健康管理是确保电池安全性和可靠性的关键技术。故障预测与健康管理可以保证电池满足其应用功率和能量需求。故障预测与健康管理被认为是基于状态维护的第二步，如图 5-4 所示，预测过程包括两个阶段：第一阶段是对电池健康状态进行评估，第二阶段是通过预测退化趋势或剩余使用寿命来计算失效时间。Khumprom 等[21]提出了一种数据驱动的预测技术，采用深度神经网络方法预测锂离子电池的健康状态和剩余使用寿命。结果的准确性证明了数据驱动模型在不同领域和应用中取代传统基于物理的模型的可能性。电池老化过程的复杂性使精确的剩余使用寿命和健康状态预测具有挑战性。因此，Lyu 等[22]提出了一种在线故障预测与健康管理模型，他们提出了一种利用互补集成经验模态分解、神经网络和优化相关向量机对健康状态和剩余使用寿命进行联合估计的方法，该方法可以在实际操作环境中进行电池故障预测与健康管理。

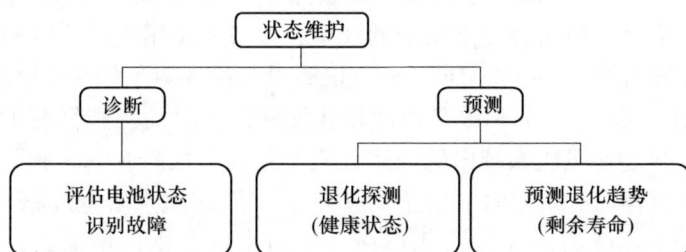

图 5-4 电池的状态维护流程

#### 5.3.2.3 平衡与均衡

电池组由几个单电池串联或并联组成，进而提供所需的电压、功率和能量。然而，由于内阻、容量、老化程度和环境温度变化的差异，电池单体之间通常存在不一致性，从而威胁到电池组的安全性。Xia 等[23]利用人工神经网络算法开发了一种根据每个电池的健康状态进行充电状态平衡的方法。阻抗和容量之间的相关性揭示了每个电池健康状态和老化程度的信息，然后将这些信息反馈到充电状态平衡控制器以调整电池的充电状态。这种方法准确地防止了低健康状态的电池的过放电。

#### 5.3.2.4 电池热管理系统

用于飞机推进的电池需要更复杂的热管理系统设计。智能算法可以通过产热率检测、电池热管理系统制冷量预测、电池热建模和提高温度均匀性来支持热管理过程。Panchal 等[24]利用神经网络方法开发了一个模型，用于预测锂离子电池在不同放电速率和温度边界内不同温度范围下的产热。Liu 等[25]提出了一种基于自适应神经网络的模型来实现空基电池热管理系统的预测控制策略，预控温度均匀性提升了控制的灵活性。虽然该方法可以控制最高温度，但没有考虑空调能量消耗等其他因素的热效应。为了降低热管理系统的能耗，Wang 等[26] 提出了一种利用神经网络模型结合粒子群优化算法的多目标优化方法，并设计了最优电池组结构，该方法可将空基电池热管理系统的能耗降低 41.19%。

# 5.4　关于人工智能应用的航空法规

## 5.4.1　航空安全法规现状

任何飞机单元的设计要求来源于飞机类型、功能要求、安全评估和主管部门定义的适用要求。欧洲航空安全局基本法规在第 21 部分的标题下定义了飞机设计和生产的要求，每个标准由几个证书规范完成。此外，欧洲航空安全局在认证过程中接受行业标准作为合规手段。可接受的合规性手段包括"高度集成复杂飞机系统的认证考虑"，该标准是根据美国联邦航空管理局的要求发布的，该要求描述了系统级信息，以符合复杂系统的规定，以及"民用机载系统和设备安全评估过程的指南和方法"、RTCA DO-160 "机载设备的环境条件和测试程序" RTCA DO-254 和 RTCA DO-178 分别涉及硬件和软件开发。然而，到目前为止，它们都没有涵盖人工智能在飞机系统中的应用。最近，为了预测航空领域即将到来的与安全相关的机器学习，欧洲航空安全局开发了"欧洲航空安全局概念文件"：第一个用于 1 级机器学习应用的可用指南。该指南旨在支持申请人，包括设计组织、制造商和运营商，为在欧洲航空安全局基本法规涵盖的所有领域的安全或环境相关应用系统中应用人工智能/机器学习技术做好准备。现阶段，欧洲航空安全局概念文件仅涵盖监督学习、人工智能 1 级应用和离线训练过程，在离线训练过程中，模型的使用被冻结。人工智能 1 级意味着对信息获取、分析和决策的自动化支持。概念指南中安全评估的目标是帮助申请人证明具有人工智能/机器学习组件的系统至少与使用现有开发保证流程和安全评估实践的传统系统一样安全。此外，提出的指南旨在将人工智能应用的安全评估与现有航空安全评估流程相结合[27]。

## 5.4.2　机器学习和学习许可的安全要求

在设计阶段的安全评估是必要的，以达到可接受的安全水平。系统故障发生的概率与结果的严重程度之间应该存在反向关系[28]。然而，人工智能技术不应该给人身和财产带来更高的风险，嵌入人工智能/机器学习的系统需要额外的步骤来完成安全评估。正如"欧洲航空安全局概念文件"所提出的，定义人工智能/机器学习组件性能可靠性指标、分析和减轻人工智能/机器学习组件暴露于操作设计领域之外的输入数据的影响及人工智能/机器学习组件的失效是必须解决的问题。除安全评价一体化外，"学习保证"的概念也是安全评价一体化的重要内容。

欧洲航空安全局的目标是确保机器学习应用程序支持计划的功能，并尽可能地打开"人工智能黑盒"。为了解释预期的"学习保证"过程阶段，欧洲航空安全局概述了一个 W 形过程，如图 5-5 所示，W 形过程与传统的非人工智能/机器学习组件开发保证所需的 V 形周期平行[28]。W 形过程由两个 V 形组成，第一个是"训练和学习过程验证"和"学习过程验证"，第二个是训练模型实现后的"推理模型验证"和"独立数据和学习验证"。欧洲航空安全局要求设计机构遵循 W 形学习保证流程，符合先前的设计保证标准，以满足初始适航要求。

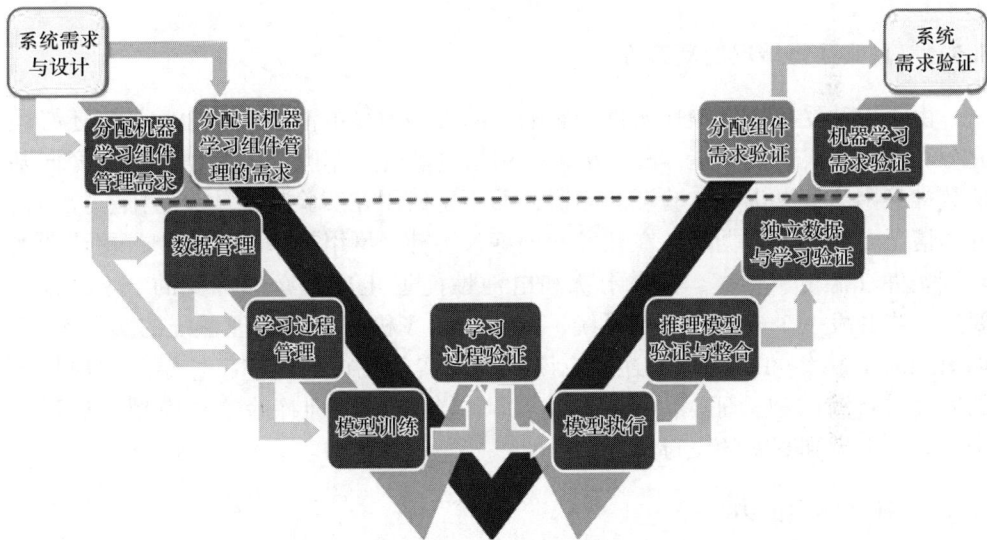

图 5-5 学习保证 W 形过程、非人工智能/机器学习组件 V 循环过程及
安全评估过程的示意图[28]

## 5.5 人工智能在电动飞机电池管理系统中应用的挑战

虽然在电池管理系统中采用智能算法的数据驱动方法带来了精度更高、对电池模型不依赖、对非线性系统性能更好、对系统噪声具有鲁棒性等优势，但也存在依赖样本训练、计算复杂、响应慢等缺点，这些缺点在电动飞机和混合电动飞机推进系统的储能系统的设计时是需要考虑的。图 5-6 展示了未来电动飞机和混合电动飞机的具体特点和挑战。

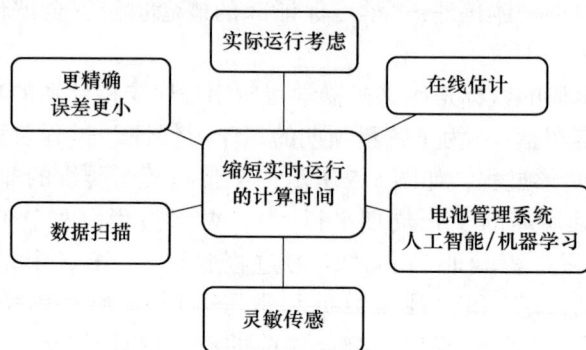

图 5-6　未来电动飞机和混合电动飞机电池管理系统的特点和挑战

### 5.5.1　真实飞行情况的复杂性

由于电池受环境和操作条件的影响，除必须遵循电池退化动力学外，还必须充分考虑电动飞机的功能。She 等[4]利用从电动公交车收集的数据集进行径向基函数神经网络模型训练、验证和测试，而不是使用在实验室中数量有限、控制良好的情况下收集的数据集。在开发和训练人工神经网络模型的过程中，更广泛的环境条件（温度、噪声、电磁干扰和电池性能退化）是必不可少的。未来，需要进一步开发一个嵌入式原型系统，用于电动飞机的电池管理系统的实际运行。如 Hashemi 等[29]在文献中所述，应该使用真实的飞行周期和工作温度对所提出的方案进行测试和验证。因此，在电动飞机的认证、训练验证和模型验证过程中，必须考虑到真实的飞行情况。

### 5.5.2　在线学习能力

任何具有在线学习能力的状态估计方法（模型参数可以根据变量条件更新）在未来电动飞机电力推进系统的关键应用中都是必不可少的。然而，在线训练模型方法会增加计算时间。Tian 等[30]提出了一种利用在线顺序极值学习机进行健康状态预测的方法，该方法通过应用伯恩施坦不等式算法克服了在线学习效率较低的不足，结果表明，该方法具有较高的准确率和较短的训练时间。在另一项研究中[31]，利用在线学习的神经网络对锂离子电池的等效电路模型进行参数辨识以准确估计充电状态，计算速度快是此研究的一个重要优点。

### 5.5.3　准确度和失误率

采用混合算法代替单一算法，将智能方法与各种滤波和协估计相结合，可以提高电池管理系统函数的精度。Li 等[32]提出了改进的鸟群算法优化最小向量机模型来估算锂离子电池的剩余使用寿命。测试结果表明，鸟群算法优化最小向量机模型对所选电池类型的预测均方根误差为0.01，证明了该模型与其他模型相比的预测精度。为了减少估计的波动，特别是当使用网络时，可以在网络后面添加无迹卡尔曼滤波器来滤除估计中的波动。Chen等[33]提出了一种使用前馈神经网络的电池模型，基于前馈神经网络模型和扩展卡尔曼滤波算法设计了充电状态监测方法，并通过不同温度下的实验数据验证了该方法的鲁棒性。由于电池各种状态密切相关，因此采用共估计方法可以提高精度，同时减少计算负担。

### 5.5.4 响应时间

电池管理系统人工智能方法中应用的算法越复杂精度就越高，但同时也增加了计算量和时间，这对实时电池管理系统功能提出了挑战。神经网络结合简单的模型训练过程，具有广泛的数据训练选择和较低的计算成本，可以有效地应用于关键的实时操作。Patil等[14]采用多阶段方法，将分类和回归阶段相结合，使计算速度更快，训练好的模型可用于实时车载电池组剩余使用寿命估计。Li等[34]采用向量构建电池退化模型、预测电池循环次数，具有更高的精度和更少的计算时间。迁移学习由于能够减少计算负担和估计的准确性，近年来引起了人们的广泛研究。Li等[35]提出了一个整合迁移学习和网络修剪概念的框架，在相当小的数据集上构建压缩的卷积神经网络模型，提高了估计精度，同时减少了计算的规模、复杂度和时间。

### 5.5.5 数据库

高质量的锂离子电池数据集能够客观地反映电池的电化学、操作和环境条件及设计特征的信息，有助于实现准确的状态估计。各研究机构根据锂离子电池测试收集的数据提供了可访问的数据集。虽然美国航空航天局的电池数据被大量用于应用智能算法的训练验证，但使用不同来源的数据而不是单一来源的数据对于训练验证过程至关重要。由于电动垂直起降飞行器占空比很低，因此电动垂直起降飞行器电池数据集是飞行器中稀缺的数据集之一，该数据集主要包括高放电率（起飞和降落）和低放电率（巡航）的数据。在这个数据集中，考虑了不同的真实条件参数，如温度、巡航时间、飞机功率和充电电流，以便更好地了解电动垂直起降飞行器飞行时电池的性能。数据库的建立旨在完善电动飞机电池算法的建立，准确预测电动飞机电池在飞行时的性能。

此外，随着大数据技术的进步，实现智能方法得到了大存储设备计算和分析的支持。电压、电流、温度等数据可以不断地传输到大数据平台，从而在实时测试中训练智能方法，获取更精确的结果。在线监控将使用云系统来训练和服务本地化设备，利用来自其他大型电动设备的真实数据以改进状态估计和故障诊断的精度，特别是需要较长实验时间的老化数据，可以使机器学习技术解决老化数据短缺问题。Tang 等[10]开发了一种基于迁移的机器学习，用于将工业数据与加速老化测试相结合，以重新获得高保真的电池老化数据集。采用该模型可使实验时间缩短 90% 以上，同时老化数据的恢复误差在 1% 以内。除高质量和海量的数据用于训练模型之外，从海量数据中提取关键特征来训练模型也是一个需要解决的重大技术挑战。

### 5.5.6　传感技术

先进的传感技术推动了电池管理的进步。开发实时、准确、鲁棒的传感器，结合多传感器数据融合技术获取电池的关键特征信息至关重要。大多数智能算法都在实验室环境下进行了验证，其中涉及电磁干扰和传感器故障引起的噪声。因此，基于先进传感技术的电池测试系统需要降低测量噪声的影响，从而提高估计精度。除学习过程之外，有必要应用一个模型，该模型可以在有限的输入或传感器误差/偏移、中断或错误输入的情况下提供准确的输出。Li 等[7]利用具有长短期记忆能力的递归神经网络提出了一种数据驱动的容量估计模型，恒流相位充电曲线的电压时间传感器数据被用作输入。即使由于传感器误差导致不完全输入，该模型也可以产生一个可持续的准确评估。机载传感、通信和计算系统将有助于从不同应用中运行的大量电池中收集传感器数据，以提供可靠的数据集。

### 5.5.7　航空法规的要求

欧洲航空安全局概念文件确定了学习保证过程中的一些挑战，并列出了哪些挑战需要有效解决以便未来人工智能在飞机电动飞机电力推进系统设计中的应用：（1）学习过程需要有保证框架覆盖，人工智能/机器学习组件中的错误应该得到解决；（2）避免机器学习训练和验证中使用的数据集出现偏差和不完整的问题；（3）考虑到机器学习/深度学习应用程序的不可预测行为，在机器学习过程的各个步骤中防止模型偏差；（4）降低被认为无法验证的"人工智能黑匣子"中的剩余风险；（5）促进终端用户/运营商对系统的信任。

## 5.6　发展趋势

考虑到训练验证、测试和模型验证中的实际操作（飞行条件）的复杂性，电池管理系统开发智能算法和模型还有很大的探索空间。为了解决电池数据稀缺的挑战，建议将当前运行的电动飞机电池运行数据传输到数据服务器或云平台，用于未来智能模型的离线网络训练和验证。故障预测与健康管理作为一种预防性维护技术，除精确预测锂离子电池的剩余使用寿命外，还提供准确、早期和在线的健康状态分析，而不受操作情况的影响。因此，在未来的电池管理系统中应用智能算法来实现故障预测与健康管理是必不可少的，符合实际的健康状态估计对于电池的运行、维护和优化至关重要。值得注意的是，健康状态和使用寿命的评估不仅在初始审定中是必要的，而且在飞机的持续适航过程中也是必要的。

现阶段对电池管理系统中人工智能应用的认证存在一定的限制。例如，欧洲航空安全局目前发布的指导意见不支持使用云数据的在线培训、深度学习和自我培训。学术界和设计人员必须对欧洲航空安全局指南中提出的所有挑战进行系统评估和应对，以获得在航空领域应用（特别是在下一代电动飞机和混合动力飞机的电池管理系统设计）中人工智能和机器学习的机会。与现有方法相比，人工智能技术提供了更高的精度，但它也有其缺点，如处理能力、可靠性等。此外，当考虑到航空应用时，人工智能技术似乎还有很长的路要走，以获得认证和广泛的接受。解决认证过程的模糊性是人工智能技术未来广泛实施的充分条件。

# 参 考 文 献

[1] CHEMALI E, KOLLMEYER P J, PREINDL M, et al. Long short-term memory networks for accurate state-of-charge estimation of Li-ion batteries [J]. Institute of Electrical and Electronics Engineers Transactions on Industrial Electronics, 2018, 65: 6730-6739.

[2] SUN C, SUN F, HE H. Investigating adaptive-ECMS with velocity forecast ability for hybrid electric vehicles [J]. Applied Energy, 2017, 185: 1644-1653.

[3] CHAOUI H, IBE-EKEOCHA C C. State of charge and state of health estimation for lithium batteries using recurrent neural networks [J]. Institute of Electrical and Electronics Engineers Transactions on Vehicular Technology, 2017, 66: 8773-8783.

[4] SHE C, WANG Z, SUN F, et al. Battery aging assessment for real-world electric buses based on incremental capacity analysis and radial basis function neural network [J]. Institute of Electrical and Electronics Engineers Transactions on Industrial Informatics, 2020, 16: 3345-3354.

[5] CHANG C, WANG Q, JIANG J, et al. Lithium-ion battery state of health estimation using the incremental capacity and wavelet neural networks with genetic algorithm [J]. Journal of Energy Storage, 2021, 38: 102570.

[6] REN L, ZHAO L, HONG S, et al. Remaining useful life prediction for lithium-ion battery: A deep learning approach [J]. Institute of Electrical and Electronics Engineers Access, 2018, 6: 50587-50598.

[7] LI W, SENGUPTA N, DECHENT P, et al. Online capacity estimation of lithium-ion batteries with deep long short-term memory networks [J]. Journal of Power Sources, 2021, 482: 228863.

[8] CHE Y, DENG Z, LIN X, et al. Predictive battery health management with transfer learning and online model correction [J]. Institute of Electrical and Electronics Engineers Transactions on Vehicular Technology, 2021, 70: 1269-1277.

[9] CHANDRAN V, PATIL C K, KARTHICK A, et al. State of charge estimation of lithium-ion battery for electric vehicles using machine learning algorithms [J]. World Electrified Vehicle

Journal, 2021, 12: 38.

[10] TANG X, LIU K, LI K, et al. Recovering large-scale battery aging dataset with machine learning [J]. Patterns, 2021, 2: 100302.

[11] DAI H, JIANG B, HU X, et al. Advanced battery management strategies for a sustainable energy future: Multilayer design concepts and research trends [J]. Renewable & Sustainable Energy Reviews, 2021, 138: 110480.

[12] CHEN J, OUYANG Q, XU C, et al. Neural network-based state of charge observer design for lithium-ion batteries [J]. Institute of Electrical and Electronics Engineers Transactions on Control Systems Technology, 2018, 26: 313-320.

[13] CHUN H, KIM J, YU J, et al. Real-time parameter estimation of an electrochemical lithium-ion battery model using a long short-term memory network [J]. Institute of Electrical and Electronics Engineers Access, 2020, 8: 81789-81799.

[14] PATIL M A, TAGADE P, HARIHARAN K S, et al. A novel multistage support vector machine based approach for Li ion battery remaining useful life estimation [J]. Applied Energy, 2015, 159: 285-297.

[15] FENG F, TENG S, LIU K, et al. Co-estimation of lithium-ion battery state of charge and state of temperature based on a hybrid electrochemical-thermal-neural-network model [J]. Journal of Power Sources, 2020, 455: 227935.

[16] LIU K, LI Y, HU X, et al. Gaussian process regression with automatic relevance determination kernel for calendar aging prediction of lithium-ion batteries [J]. Institute of Electrical and Electronics Engineers Transactions on Industrial Informatics, 2020, 16: 3767-3777.

[17] OUYANG J, XIANG D, LI J. State-of-function evaluation for lithium-ion power battery pack based on fuzzy logic control algorithm [C]//2020 IEEE 9th Joint International Information Technology and Artificial Intelligence Conference (ITAIC). IEEE, 2020.

[18] WEI C, BENOSMAN M, KIM T. Online parameter identification for state of power prediction of Lithium-ion batteries in electric vehicles using extremum seeking [J]. International Journal of Control, Automation and Systems, 2019, 17: 2906-2916.

[19] NAHA A, KHANDELWAL A, AGARWAL S, et al. Internal short circuit detection in Li-ion batteries using supervised machine learning [J]. Scientific Reports, 2020, 10: 1301.

[20] LEE H, BERE G, KIM K, et al. Deep learning-based false sensor data detection for battery energy storage systems [C]//IEEE CyberPELS Conference, 2020.

[21] KHUMPROM P, YODO N. A data-driven predictive prognostic model for lithium-ion batteries based on a deep learning algorithm [J]. Energies, 2019, 12: 660.

[22] LYU Z, WANG G, GAO R. Li-ion battery prognostic and health management through an indirect hybrid model [J]. Journal of Energy Storage, 2021, 42: 102990.

[23] XIA Z, ABU Q J A. State-of-charge balancing of lithium-ion batteries with state-of-health awareness capability [J]. Institute of Electrical and Electronics Engineers Transactions on Industry Applications, 2021, 57: 673-684.

[24] PANCHAL S, DINCER I, AGELIN-CHAAB M, et al. Experimental and theoretical

investigations of heat generation rates for a water cooled LiFePO$_4$ battery [J]. International Journal of Heat and Mass Transfer, 2016, 101: 1093-1102.

[25] LIU Y, ZHANG J. Self-adapting J-type air-based battery thermal management system via model predictive control [J]. Applied Energy, 2020, 263: 114640.

[26] WANG Y, LIU B, HAN P, et al. Optimization of an air-based thermal management system for lithium-ion battery packs [J]. Journal of Energy Storage, 2021, 44: 103314.

[27] EASA, EASA Concept Paper: First usable guidance for Level 1 machine learning applications: A deliverable of the EASA AI Roadmap [C]. Germany: European Union Aviation Safety Agency, 2021.

[28] EASA, CS-25 certification specifications and acceptable means of compliance for large aeroplanes [C]. Germany: European Union Aviation Safety Agency, 2020.

[29] HASHEMI S R, BAHADORAN B A, ESMAEELI R, et al. Machine learning-based model for lithium-ion batteries in BMS of electric/hybrid electric aircraft [J]. International Journal of Energy Research, 2021, 45: 5747-5765.

[30] TIAN H, QIN P. State of health prediction for lithium-ion batteries with a novel online sequential extreme learning machine method [J]. International Journal of Energy Research, 2021, 45: 2383-2397.

[31] BEZHA M, NAGAOKA N. Online learning ANN model for SoC estimation of the lithium-ion battery in case of small amount of data for practical applications [C]//Korea (South): 2019 10th International Conference on Power Electronics and ECCE Asia, 2019.

[32] LI L, LIU Z, TSENG M, et al. Enhancing the Lithium-ion battery life predictability using a hybrid method [J]. Applied Soft Computing, 2019, 74: 110-121.

[33] CHEN C, XIONG R, YANG R, et al. State-of-charge estimation of lithium-ion battery using an improved neural network model and extended Kalman filter [J]. Journal of Cleaner Production, 2019, 234: 1153-1164.

[34] LI X, SHU X, SHEN J, et al. An on-board remaining useful life estimation algorithm for lithium-ion batteries of electric vehicles [J]. Energies, 2017, 10: 691.

[35] LI Y, LI K, LIU X, et al. Lithium-ion battery capacity estimation-a pruned convolutional neural network approach assisted with transfer learning [J]. Applied Energy, 2021, 285: 116410.

# 6　电动飞机的开发现状及发展趋势

电池驱动飞行的梦想已经有一百多年的历史了。1884 年，52 m 长的飞艇"法兰西号"在巴黎附近升空，由 435 kg 重锌氯（锌-氯液流）电池提供动力，这次飞行距离约为 8 km。"法兰西号"成为第一架完成受控动力往返飞行的飞行器。创造者查尔斯·雷纳德指出，虽然电力还处于起步阶段，但肯定有一天会像蒸汽一样成熟，这种飞行"只是时间和金钱的问题"。如今，人们对电池供电的飞行器产生兴趣。电动飞机的开发受到技术、经济和环境问题之间复杂关系的影响，而所有解决方案都需要建立在安全基础之上。安全、理想的比能量是制约电动飞机发展的主要因素，而不是成本。在未来十年内，如果在电动飞机方面有足够的投资，锂离子电池组的能量密度有望接近 600 W·h/kg。

## 6.1　电动飞机的机遇

### 6.1.1　"双碳"目标的激励

航空对环境的影响主要包括噪声、当地空气质量及气候变化。与 20 世纪的设计不同，现代飞机上主要的噪声源是风扇和机身。因此，如果风扇由电动机驱动而不是燃气轮机，噪声不会改变。但氮氧化物和未燃烧的碳氢化合物的排放将不会发生，进而显著改善机场附近的空气质量。二氧化碳是航空影响气候的主要内容。与小型飞机不同，现代客机在巡航时每单位能量产生的二氧化碳比世界电网平均少 20%~35%。因此，电池供电的好处将取决于电网绿化的速度，或者将仅限于享受绿色能源的地区。2018 年，航空能源使用量相当于全球电力的 14% 左右。锂离子电池航空碳减排的竞争将来自低碳和零碳液体燃料，包括合成碳氢化合物、生物燃料、电燃料和氢，这些燃料的能量密度都比电池高得多。目前，航空公司正在使用各种可持续能源替代航空燃料，但每年只有数千万加仑可用，远远不到全球航空燃料需求的 1%。

### 6.1.2　城市空中交通网的构建

除了轻型飞机，用电动飞机取代燃料飞机是非常具有挑战性的，难度随着飞机的尺寸和航程的增加而增加。短程垂直起降飞行器可以作为个人飞行器、空中出租车和货物运输工具而创造价值。目前的直升机噪声大、机械结构复杂、维护成本高、向前飞行效率低，解决的方法有很多，例如电动式、多旋翼式、分布式，它们以机械的复杂性降低电气的复杂性，代价是飞行效率的降低。超过 100 家公司宣布了 1~7 座短程城市空中交通工具的研发工作，垂直和非常短的起飞设计都在研究中。城市空中交通的航行时间只有短短几十分钟，300~400 W·h/kg 的电池就足以满足目前的需求。

# 6.2　电动飞机的挑战

安全是飞机设计和运行的基础。在地面上，汽车电池过热或冒烟只需 "靠边停车"，但在 12 km 的高空中，这并不容易。根据法律规定，制造商必须在认证过程中证明飞机设计是安全的。这种认证需要特定的设计特性，包括分析和测试，通常来自经验。对于有人驾驶的飞机，安全要求比无人机更严格，随着飞机尺寸的增加，这些要求也变得更加严格。例如，对于双座飞机，发生潜在灾难性故障的概率必须小于百万分之一，而对于大型客机，必须小于十亿分之一。目前，对商用飞机上使用锂电池的担忧再怎么强调都不为过。便携式设备的电池已经引起了数百起火灾和烟雾事故，并至少与三起重大事故有关。由于对电动飞机推进所需的超大电池缺乏经验，认证要求可以概括为：首先，必须充分了解电池故障的模式、行为和后果；其次，飞机的设计必须能够减少这些故障，无论是在地面、空中还是在迫降时。目前，电池驱动飞机还处于早期发展阶段，几乎没有经验来指导这一过程。因此监管机构、标准制定组织和制造商正在共同努力，以更好地了解所需的设计标准和认证要求。

## 6.2.1　安全性

Liu 等[1] 提出的热失控过程具有三个阶段（见图 6-1）：（1）过热开始；（2）热量积累和气体释放；（3）燃烧和爆炸。制造缺陷、内部短路（隔膜问题、枝晶和机械应力）或其他功能问题都可能导致第一阶段发生，如果第一阶段的过热得到缓解，热失控就可以完全避免。然而，对于电动飞机来说，一旦第一阶段发生，就不能保证功能安全，因为第一阶段意味着电池已经从正常行为过渡到异常行为。

在缓解第一阶段的策略中，作为第一步，适航电池需要采用比电动汽车或其他应用制造的电池高得多的质量控制标准，从而最大限度地减少制造缺陷的发生率。电池设计策略对于第一阶段发生的可能性影响巨大。例如，在三星 Galaxy Note 7 火灾中，41 个极薄的隔膜被确定为导致过热的主要原因之一，电池内产生的很大一部分热量是由于离子和电子所面临的传输阻力。此外，电极组成也影响电池的比热容，电极组成在产热和传热中都起着至关重要的作用，直接影响到第

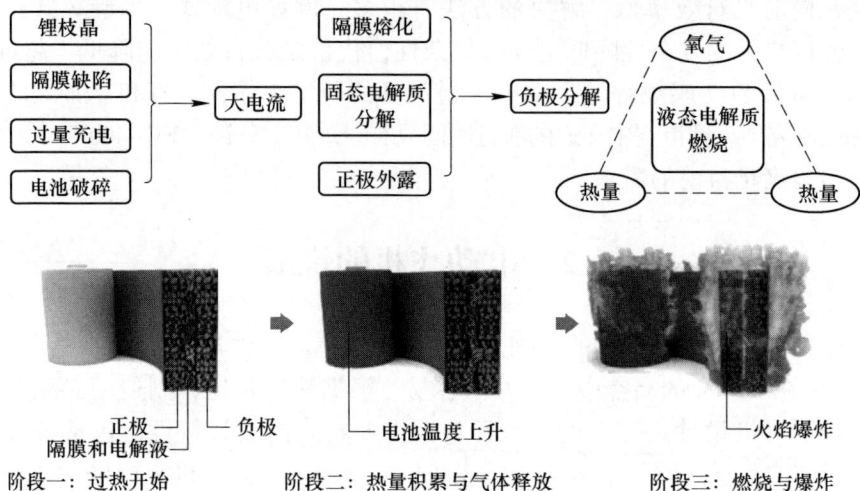

图 6-1　电池热失控的三个阶段[1]

一阶段的可能性。对于电动飞机来说，必须遵守规定的最小电池设计指标，如最小隔膜厚度、电极孔隙率和电池堆的热容量，这可以避免使用由安全性能失衡而导致的电池事故。

在空气环境中，一个重要的考虑因素是低压和稀薄空气对电池加热或燃烧速度的影响[2]，如图 6-2 所示，在 95 kPa 压力下，电池的升温速率比在 20 kPa 压力下的电池快 1.7 倍。此外，20 kPa 时达到热失控所需的时间比 95 kPa 时更短。这些观察结果表明，除可能对适航电池更严格的电池设计和成分要求外，必须考虑适航电池独特的加热特性。Liu 等所分类的第二阶段涉及某些电池成分的分解。同时，由于热量积累而导致温度升高，分解过程以正极释放氧气为标志，释放出多气态产物，电池内部压力增加，这是燃烧的必要条件。第二阶段的开始实际上意味着电池衰竭，缓解措施侧重控制危害。

处理第二阶段的常见故障安全机制之一是使用电池排气机制。电池通风口一旦被激活，就会以可控的方式将所有的气态产物释放到周围环境中，气体的释放同时平衡了电池内积累的热量。对于适航电池，电池的排气需要考虑到飞机上低压环境，低压对控制储层排气过程中的气体释放过程提出了重大挑战，并且在排气过程中存在导致气体和热量失控爆炸的风险。

如果第二阶段无法得到有效控制，电池将不可避免地进入第三阶段。在第三阶段中，以有机液体电解质为主要燃料，借助积累的热量、气体分解产物和正极的氧气，电池将燃烧。第三阶段的主要任务是防止火势蔓延、热失控和系统故障。高安全性、高可靠性的组件专门用于防止第三阶段的发生，这种设计方法传统上是为 NASA 的载人任务开发的。然而，这类电池组设计方法同样可以应用于

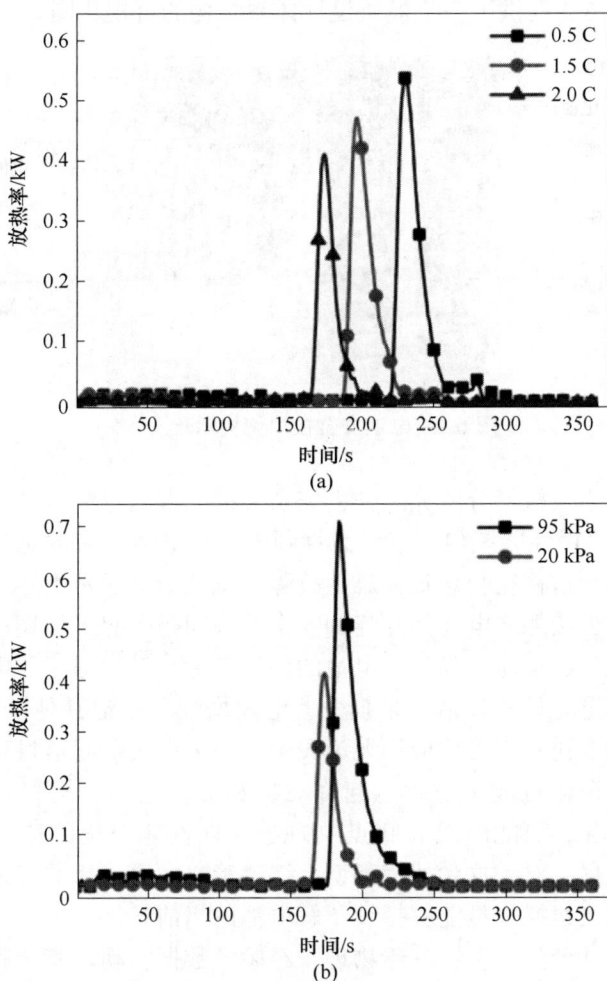

图 6-2 压力和倍率对升温速率的影响[2]

（a）在 20 kPa 相同压力不同倍率下的升温速率比较；（b）在 2.0 C 相同倍率不同压力下的升温速率比较

推进电池，并有望通过借鉴和扩展这些经验来提高电池的性能。Torres 等[3]通过设计两个基于时间的参数，即"电池穿越时间"和"电池间隙穿越时间"，来研究锂离子电池的热失控。据他们的报告，在电池之间使用吸热板是防止热失控的一种有效方法，而由铜或铝制成的厚板可以有效防止热量的传递。对于电动飞机来说，采用这样的板将显著影响电池组的比能量。在防止高比能锂离子电池系统热失控的策略方面，Darcy[4]进行了一项广泛研究，他以航天领域中使用的模块为参考，提出了五条设计规则，以确保其达到能量密度达到 190 W·h/kg 以上。这五条规则包括：（1）防止侧壁破裂风险；（2）管理电池间距和散热；（3）控制平行电池的传热；（4）保护相邻电池免受爆炸电池的"热喷射"；（5）防止火花离开外壳。图 6-3 提供了一个模块设计体系结构的可视化图。

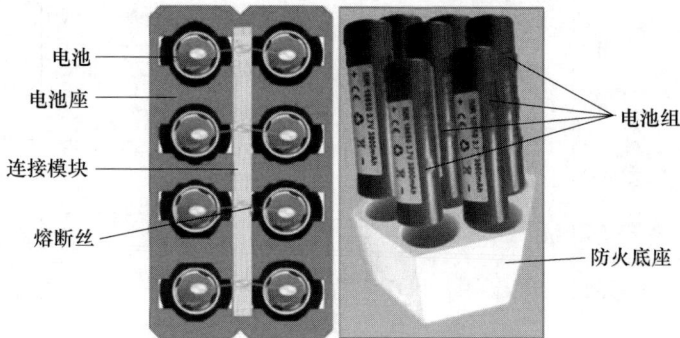

图 6-3　电池安全模块架构示意图[5]

功能故障是指飞机部分或完全失去安全关键电源的电池。功能故障可能是由"急性"断电或"慢性"断电引起。急性断电导致电力供应的迅速丧失，通常没有实质性的预警，这往往会导致灾难性故障。急性断电通常由热失控反应、内部短路、电池内失去接触或电池间互连的安全系统问题引起。长期的电源损耗将导致电池发生电化学副反应，降低了电池的使用寿命。损耗退化与电池的安全性密切相关，典型的退化模式包括容量损失、电阻增加和电池其他功能特性的变化。电池性能的长期变化对于飞机应用尤为关键，因为在飞机起落过程中需要高功率性能，如电池的退化可能引发垂直起降飞机和传统电动飞机着陆中断等安全问题。由于电池退化，可能出现"膝点"现象，即性能退化的速度迅速增加，使电池寿命迅速耗尽。对于这种故障类型，缓解策略主要包括准确地退化预测和状态估计，以确保飞机操作员能够持续了解电池的当前状态。

退化模型通常分为三类：基于物理、经验及数据驱动。基于物理的方法通常需要先进的电池模型，如伪二维模型，这些模型在实时运行电池管理系统时速度较慢，尤其在监测电池组安全的背景下。为此，出现了一些降阶模型，例如单粒子模型，可以提高计算效率，同时保持许多物理模型的积极特性。而经验和数据驱动的模型通常计算成本较低，但在超出其训练数据条件的范围内进行外推可能更为困难。目前，电池和电池组状态评估的工作主要集中在健康状态建模上。然而，为了确保电动飞机的功能安全，对电池和电池组快速性能损失的风险进行准确预测同样至关重要。

### 6.2.2　经济性

人们对电池驱动的飞行产生兴趣的主要原因在于其带来的丰厚回报，包括新型飞机的经济性、实用性（如飞行出租车），以及最重要的是减少碳排放，降低航空对气候变化的影响。飞机和电动飞机的能源和动力需求涵盖了 7 个数量级，从几千克重的飞行几分钟的无人机到飞行半个地球的大型客机。小型无人机可能只需要类似手电筒电池的少量能量进行飞行，而大型客机需要相当于3万辆特斯拉汽车的能量来起飞。出于经济考虑，航空业的绝大部分经济活动来自于制造、支持和运营100座以上的客机，这些大型飞机占据了航空直接排放的95%以上，其中200座以上的客机占国际航班的65%。相比之下，对新型飞机功能的兴趣主要集中在小型飞机，如垂直起降无人机和可搭载7人或更少乘客或同等货物的空中出租车。当前，这一领域的初创企业估值已经超过100亿美元。因此，市场主要关注于100座以上的飞机（客机）和小型垂直起降飞机的需求。电动飞行的可行性需要考虑特定的能量、功率、质量、成本和安全性。

由于效率、质量和体积的不同，为同一任务配置的电动飞机和燃料飞机所需的能量（有效载荷、航程和速度）可能存在显著差异。首先，储存的能量转换为轴动力的效率可能不同，燃油飞机的效率为20%~55%，而电动飞机的效率为80%~90%。其次，燃油飞机的质量在飞行过程中会减少5%~40%，这取决于飞行距离，使保持飞机在空中飞行所需的能量也会减少。此外，在比设计限制更短的飞行中，为短程任务加油的飞机将比为最大航程配备固定电池的飞机重量更轻。除了飞行能量，飞机还必须携带应急储备，以应对天气、拥堵和商业方面的考虑，比如备降成本。这种储备是昂贵的，因为它增加了飞机的重量，从而增加了它的能量消耗。储备百分比随着任务长度的增加而下降，从2000 km时的50%到11000 km时的10%~12%。与液体燃料相比，同时对于大型飞机来说，电力驱动的重量要高得多。目前，一架客机所需的能量转换设备（电子设备、马达、电缆、冷却设备）比燃料推进系统更重。为了减少能量的消耗，许多技术和非传统的飞机设计研究正在进行。

经济成本在电动飞机的可行性方面发挥着关键作用。航空业提供了一种经济快捷地运送人员和货物的交通方式，收入主要来自运送人员、行李和货物，有效载荷、航程和每天飞行时间是关键指标。飞机的体积也是一个问题，因为大多数航班都是受体积限制而非重量限制的，如果目前的电动飞机不能像燃料飞机一样在机翼内携带电池，那么必须增加飞机的尺寸以保持有效载荷。飞机的直接成本包括所有权、燃料、维护和机组人员薪资。当前，航空电气设备和燃气轮机每千瓦的成本差不多。飞机价格与空重有关，如果一架电动客机的重量相同，性能相同，那么其购买价格也大致相同（不包括电池）。电动客机的所有权、能源和维护成本的总和预计不会有太大的不同。燃料飞行的主要成本因素为发动机大修，而电动飞行的主要成本因素是定期更换电池。对于一架单通道客机来说，检修两台20~30 MW的发动机每个飞行周期的成本为350~550美元。电池价格与能量挂钩，而不是与功率挂钩。例如，假设一个42 MW·h的电池，可以飞行1000次，足以为一架单通道客机供电。为了使更换电池的成本与发动机大修相比具有竞争力，电池的成本不应超过每千瓦时 8~13 美元。如果电池的续航时间是原来的两倍，那么成本也会是原来的两倍。

与大型客机相比，小型飞机的飞行速度较慢、高度较低、航程较短，每个座位的运营成本更高，而且更容易获得认证。此外，现有飞机发动机的效率和功率重量比随着尺寸的减小而下降。这些因素结合在一起，使小型飞机对电池的要求比大型飞机低得多。

### 6.2.3　机载推进电池要求

机载推进电池的主要指标包括体积、质量、能量和功率密度、成本、寿命及安全性，这些属性在电池单元的设计、封装和控制方面都有所反映。然而，考虑到包装、寿命和安全性等因素，电池的能量密度可能会降低。当前的电池研究和开发主要集中在地面运输、便携式电子设备和电网存储的需求上。然而，航空领域对电池的需求有其独特之处。由于需要相对较大的飞行能量储备，航空电池很少会被放电到低水平，只有电池中一小部分储存的特定能量可以用于执行任务。因此，具有更高能量密度和比能量的电池很有价值，同时还需要减少包装、提高寿命和安全性。

C 率表示电池的功率容量（kW）除以其存储的能量（kW·h）。在飞机瞬变期间，电力需求会达到峰值。轻型飞机起飞时所需的动力为巡航时的 1.5~2 倍，而客机的这一比例为 3：1。在长途飞行中，考虑到储备要求，1 C 的功率可能足够，尽管在地面起飞阶段可能需要更高的 C 率。对于混合动力飞机，由于其电池能量较低，可能需要更高的 C 率。由于无人机结合了短程飞行和垂直起飞的高功率需求，可能需要 4~5 C，甚至更高。新型完全由电池驱动的飞机将需要一系列电池组，较低的比能量可以实现最小可行的飞机设计，但会减少有效载荷和航程。对于城市内的应用，300~400 W·h/kg 的比能量足以满足电动飞机的需求。随着电池比能量的提高，电池动力与燃料飞机相比将更具竞争力。

在电动汽车发展的早期阶段（2010~2015 年），提升电池能量密度和或比能量的目标是实现电动汽车续航里程达到 200~300 mile（322~483 km）。目前，汽车和电网电池在电池级别上可以提供大约 300 W·h/kg 的能量，在电池组级别上可以提供 200 W·h/kg 的能量。在美国政府支持的项目中，电动汽车电池发展的目标是达到 500 W·h/kg，例如美国能源部的"电池 500"项目。目前在电池和小型电池组水平上已经有了可靠的比能量接近并超过 400 W·h/kg 的技术。因此，持续的电池技术进步将解决城市的空中交通需求。

尽管具体条件因飞机类型和任务而异，航空电池的工作环境通常比地面车辆更为极端。为了减少阻力，客机和私人飞机在对流层顶或以上巡航，在 10~15 km 的高度，环境温度和压力分别低至 -61 ℃ 和 0.12~0.26 atm。高空电弧的影响限制了系统电压，目前正在进行的研究是将可接受电压提高两倍或两倍以上。商用飞机也可以在 55 ℃ 的地面温度下运行，但停放时的温度可能高达 78 ℃。电池和驱动器的液体冷却会增加重量和阻力，但除最小的飞机外，其他飞机都需要液体冷却。此外，确保电动飞机安全的必要措施在特定能源和成本方面需要付出代价。对锂离子电池的担忧包括热失控和有毒烟雾。目前的解决方案包括机械和电气隔离电池，并将任何气体排放到飞机外，这些方法对无人驾驶飞机将增加约 15% 的质量，对有人驾驶飞机增施加 30%~40% 的质量。因此，在航空航天应用中本质上更安全的电池化学物质，以及包装方面的创新，可以有效降低飞行器重量。电池管理系统必须提供准确、可靠的剩余可用电池组能量信息，这一点至关重要。提高锂离子电池的功率性能可以通过降低电极厚度、增加孔隙度或混合非储能导电添加剂来实现，但是，这些方法会导致电池可用的比能量总体减少。

### 6.2.4 现行法规的要求

监管文件《可充电锂电池和电池系统最小工作性能标准》（RTCA DO-311A）涵盖电池的功能和热安全性，主要针对属于"能源类别 4"的电池（其总能量含量至少为 200 W·h）。RTCA DO-311A 的目标是评估电池系统的"适航性"，但在充电和放电保护及过放电保护等方面，存在一些值得关注的问题。在功能和热安全问题的讨论中，越来越多的研究集中于理解过充、过放、老化和安全之间的相互作用。虽然 RTCA DO-311A 要求适航电池限制充电电流和放电行为不得超出制造商规格，但缺乏具体措施来验证这些要求在正常操作和异常操作中的可靠性。例如，当飞机宣布紧急情况并以备用电源运行时，虽然超放电的可能性不为零，但关键在于必须有故障安全装置，以确保热安全和功能安全。

RTCA DO-311A 检查的另一个领域是排气，分为三类（A~C）。尽管这种分类为电池组的安全设计提供了指导，但并未解决大型电池组可能出现的潜在复杂性。在模块级可能采取其他的潜在措施，如加大间距和使用散热材料来减轻电池热排放的影响，但在 RTCA DO-311A 中没有明确规定。RTCA DO-311A 规定的热失控包容性测试一直是争议的焦点。一些制造商反对按照文件规定的过度充电促使电池组发生热失控的要求，理由是这样的情况在现实世界中不太可能发生。

RTCA DO-311A 规定的其他功能安全要求包括辅助维护系统正常工作的电池健康状态指标。然而，RTCA DO-311A 中未明确讨论电池健康状态指标对功能安全的重要性，尤其是在部分或完全断电的情况下。RTCA DO-311A 还包含过充、过放、短路、热失控和爆炸的测试列表，但对于大型（>5 kW·h）推进电池，可能需要增加针对复杂电池组架构问题的测试程序。例如，应考虑具有 10~100 个单元的平衡可靠性，以及在如此大的单元簇中减轻单元间的变异。此外，

RTCA DO-311A 还指出，随着飞机上使用更大的电池组，空气环境中高压电池组电晕放电的可能性将加剧。

　　尽管 RTCA DO-311A 还存在上述不完善的方面，但 RTCA DO-311A 仍然是为小型和大型飞机上的可充电锂离子电池提供合规手段的共识标准，而且 RTCA DO-311A 第 2.4.5.5 节规定的电池组热失控包容性测试是现有技术水平内能够保证飞机和人员安全的最可靠方法。RTCA DO-311A 第 2.4.5.5 节描述了锂电池热失控包容性试验方法，目的是强迫整个电池进入热失控状态。这种方法对于小容量的锂电池（例如用于发动机启动或设备供电等）是可行的，但是对于非常大容量的动力锂电池（例如电推进系统使用的），这种方法也许是不可行的。为了解决超大容量电池系统测试的可行性问题，建议将电池系统划分为更小的模块进行配置，以帮助测试和验证电池系统的安全含义。电池和电池系统可以设计成几个更小的模块或子包，每个模块都有一组电连接的电芯，并封闭在一个单独的外壳中，每个子包都有一个由单个外壳封闭的电连接模块组件。在缓解策略中需要考虑子包、模块和电芯的通风设计。

　　为电动飞机推进系统提供能源的动力锂电池，随着能量增大，在热失控包容性方面会存在难点。所以，对于动力电池热失控引发的安全问题，需要从设计、制造和适航验证三方面进行综合考虑。首先，电池制造商要满足监管部门严格的制造和质量体系要求；其次，电池在材料、电芯、电池模块、电池组和电池系统的设计上要重点考虑热失控的防护；最后，电池应从电池层级、安装层级和飞机/系统层级上进行分层级验证，具体流程见图 6-4。RTCA DO-311A 可以作为电池层级的验证标准，对于其他层级的试验和验证可以根据航空器的设计特点，与航空器适航监管部门协商确定。

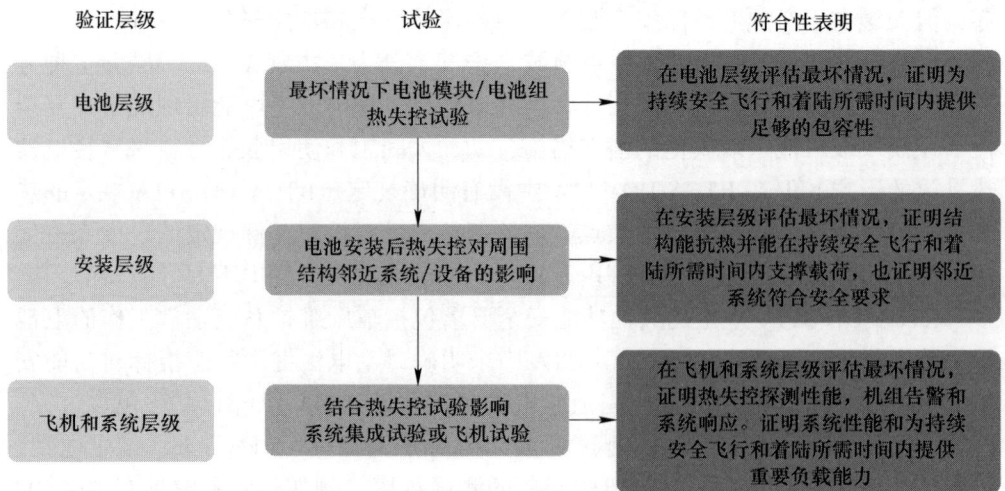

| 验证层级 | 试验 | 符合性表明 |
| --- | --- | --- |
| 电池层级 | 最坏情况下电池模块/电池组热失控试验 | 在电池层级评估最坏情况，证明为持续安全飞行和着陆所需时间内提供足够的包容性 |
| 安装层级 | 电池安装后热失控对周围结构邻近系统/设备的影响 | 在安装层级评估最坏情况，证明结构能抗热并能在持续安全飞行和着陆所需时间内支撑载荷，也证明邻近系统符合安全要求 |
| 飞机和系统层级 | 结合热失控试验影响系统集成试验或飞机试验 | 在飞机和系统层级评估最坏情况，证明热失控探测性能，机组告警和系统响应。证明系统性能和为持续安全飞行和着陆所需时间内提供重要负载能力 |

图 6-4　动力锂电池适航验证流程图

## 6.3 电池比能量对电动飞机的影响

电动飞机的使用案例可以根据其尺寸、航程、配置和目标市场进行分类和细分。在最大的客机领域，通常称为运输机，可以分为三类：双通道或宽体飞机（典型航程大于 2000 mile）、单通道或窄体飞机（典型航程约 1000 mile）、支线飞机（典型航程小于 1000 mile）。虽然大多数航班都是在支线和窄体飞机上进行的，但是大部分碳排放来自宽体飞机。对于运输机来说，电池的比能量是一个相当大的障碍，这引起了科学家对混合燃烧-电力系统的兴趣。小型飞机消耗更少的能源，排放更少的碳，更适合电气化。在这一类别中，一些飞机已经电气化。其中，城市空中交通是小型飞机最大的市场之一，其目标是运载 2~5 名乘客或进行短距离飞行（小于 100 mile）。对于小型电池供电的电动垂直起降飞机和短距起降飞机，正在进行各种不同设计。

电动飞机广泛应用的最大障碍是电池的比能量。位于不列颠哥伦比亚省的水上飞机航空公司哈伯航空已经开始将其机队电气化，这是第一批商用电动飞机，窄体飞机的比能量要求超出了近期电池技术的性能极限，这意味着对电池的特定能量要求的放宽。电动动力系统带来的机会是通过消除喷气发动机的热力学循环来提高整体效率，以及由于推进系统架构的改变而提高效率。电动飞机的另一个范畴是混合动力，它可以放松对电池的特定能量要求。与全电动飞机类似，混合动力飞机也面临着安全挑战，尤其是在电池组更大的情况下。

20 世纪 90 年代，索尼将锂离子电池商业化，使用的正极材料是钴酸锂，负极材料是石墨，两者都浸入碳酸基电解质中。然而，有机碳酸盐基电解质易燃，闪点低，因此存在安全隐患。在接下来的 20 年里，其他几种正极材料，如锂镍钴锰氧化物、锂镍钴铝氧化物和磷酸铁锂已经商业化，石墨阳极的改进导致锂离子电池的比能量增加了大约 3 倍。然而，这些改进也增加了热失控的风险。

最近，锂金属阳极显示出实现所需比能量的潜力，可能实现超过 400 W·h/kg 的电池级比能量。然而，锂金属阳极可能存在枝晶生长的风险，这可能导致内部短路，从而引发热失控和火灾危险。围绕枝晶问题进行安全设计是锂金属电池设计的关键考虑因素。其中，使用固态电解质是防止锂金属阳极枝晶生长的一种方法。尽管使用固态电解质的电池具有更高的安全性，但满足电动飞机的性能指标仍然是一个挑战。

## 6.4 电动飞机的发展趋势

全电动架构采用电池作为飞机推进的唯一来源。与内燃机相比，其优点是电机和电池的能量转换效率更高，并且管理唯一电源所需的控制系统更简单。主要的缺点是电池的能量密度低，这使它不适用于大多数飞机，另一个缺点是，与在机身外运行并直接向大气释放热量的内燃机推进装置不同，电动装置可能位于飞机内部，因此热量可能是一个问题。由于实际设备并非为在这些条件下工作而设计，因此开发能够在更高温度下工作的组件是必要的。

### 6.4.1　混合动力

混合动力推进将燃料发动机与电力驱动和电池结合在一起。与地面车辆不同，飞机可有效地回收势能和动能作为航程。混合增益可分为范围扩展、系统优化和能源替代三大类：（1）范围扩展：利用燃料发动机来增加航程，超过单独使用电池的航程。通勤飞机（少于 20 个座位）和大型飞机的一些概念依赖于混合方法，至少在短期内达到了规定的有效航程；（2）系统优化：使用电力驱动来帮助实现功率峰值。轻度混合动力设计可以节省 3% ~ 6% 的燃料，其中 3% ~ 5% 的起飞动力和 5% 的能量可用于电力辅助。由于绝大多数飞机目前仍使用燃料，因此这可能是未来 20 年减少碳排放的最主要方式；（3）能源替代：电网充电电池取代飞行所需的部分燃料。

### 6.4.2　电池组的结构优化

电池设计对锂离子电池的热行为、加热和传热有很大的影响。一般来说，大多数锂离子电池被设计成圆柱形、棱柱形或方形，目前大多数电动汽车要么使用圆柱形电池，要么使用棱柱形电池。在不同的电池设计中，用于电池外壳、端子和其他包装工件的材料是不同的。外壳材料控制着电池和周围环境之间的热传递，因此在过热事件中起着至关重要的作用。电池过热是热失控的初始条件之一。电池的设计也决定了在放热反应或寄生反应中气体产物排出的方式。像NASA 的 Maxwell X-57 这样的电动飞机使用了商用现货圆柱形电池，因为它们具有较高的安全性，如先进的通风机制和更高强度的外壳材料。

电池组设计在电力推进系统的热安全性和功能安全性及风险方面也起着重要作用。电池组设计控制了电池组中从一个电池单元到多个电池单元的故障风险，电池组内电池的布置和热管理系统对减轻某些电池产生的多余热量至关重要。Maxwell X-57 电池组用触发电池进行了测试，结果一个电池的火没有传播到其他电池。电池组设计及其扩展后的电池管理系统会影响对单个电池的充电状态和健康状态监测能力，单个电池的充电状态和健康状态决定了电池组的安全程度。

### 6.4.3　搭载高能量密度电池

锂离子电池基于插入机制，其中 $Li^+$ 在阳极和正极之间来回移动，以平衡电流流动的电荷，而活性材料的母相基本保持完整。尽管这种方法提供了高可逆性，但能量含量被限制在正极中每个金属中心低于 1 个电子当量。由于负极和正极都具有出色的可逆性，但容量有限，可充电的金属负极，特别是锂金属，是高电池电压和存储容量的关键推动者。2015~2024 年，在提高锂金属阳极的库仑效率和循环寿命方面取得了显著的进步，同时避免了灾难性的枝晶和内部短路。这些进步正在引领可充电锂金属技术走向成熟和商业化。尽管仍存在许多挑战，但与锂金属电池相关的大量商业化努力提供了一个希望，即在未来十年内，锂金属负极的应用将同时满足电动飞机所需的所有性能指标。即使成功应用了锂金属负极，也需要在正极上取得突破，以达到 1000 W·h/kg 或更高的比能量。"空气电池"具有很高的理论比能，但也需要额外的机械系统来将空气带到电池内、压缩、净化并排出，这大大降低了有效的系统级缩放因子。硫基正极正在接近商业化，并即将在航空动力系统中应用。

### 6.4.4 借鉴电动汽车的发展经验

美国先进电池联盟的电动汽车目标已成为动力电池进步的重要推动力。应尽快确定电动飞机的发展目标并将鼓励航空航天和电化学科学界之间的交叉合作。考虑到汽车和航空电池需求的不同路径，确定特定于飞机的电池性能指标将会促进电动飞机的蓬勃发展。显然，必须采用能够缩短科学理解和技术创新周期的新工具。表征方面的科学进步已经取得了进展，现在可以在有源电池内部进行测量，即在电池内部进行测量，在电池使用过程中进行测量，从而对电池功能的机制和局限性的细节进行深入的探索。同时，计算方法、机器学习和机器人实验为材料发现和优化开辟了新的途径。科学技术的进步使电池材料的优化以前所未有的速度发展。

预测未来，电池的性能和成本仍然是一项具有挑战性但又重要的任务，它将为当前和未来电动飞机的设计提供信息。电动汽车发展初期的瓶颈是能量密度和比能。目前，电动汽车采用的主要瓶颈是成本，电池成本似乎正在接近美国先进电池联盟和美国能源部每千瓦时 100 美元的目标。这个成本目标在 2009 年第一次宣布时看起来令人望而生畏，但这个数量级的改进在短短十年内就实现了。在对锂金属进行了近 40 年的研究之后，人们可以把最近在电动汽车电池的比能量方面取得的进展看作未来可能的进展速度的下限，因为有了新的工具和足够的投资水平。美国能源部推出的"电池 500"计划为该领域设定了一个新的目标，即电池水平为 500 W·h/kg。随着电池对电池组的负担从目前的 30%~50% 大幅降低到 20%~30%，到 2030 年，电池组级比能量可能达到 600~800 W·h/kg。为了早日实现更安全、更高比能量电池组的产业化，研究机构和企业必须从当前降低电动汽车成本的目标转向高比能的航空需求。

# 参 考 文 献

［1］ LIU K, LIU Y, LIN D, et al. Materials for lithium-ion battery safety ［J］. Science Advances, 2018, 4 (6): easa9820.

［2］ XIE S, REN L, GONG Y, et al. Effect of charging/discharging rate on the thermal runaway characteristics of Lithium-ion batteries in low pressure ［J］. Journal of the Electrochemical Society, 2020, 167: 140503.

［3］ TORRES C L, KURZAWSKI A, HEWSON J, et al. Passive mitigation of cascading propagation in multi-cell lithium ion batteries ［J］. Journal of the Electrochemical Society, 2020, 167: 090515.

［4］ DARCY E. Passively thermal runaway propagation resistant battery module that achieves > 190 W · h/kg ［C］. Red-wood City: Sustainable Aviation Symposium, 2016.

［5］ CHOMBO P V, LAOONUAL Y. A review of safety strategies of a Li-ion battery ［J］. Journal of Power Sources, 2020, 478: 228649.